U0162571

结冰条件下飞机稳定性控制
方法及应用

李颖晖　屈　亮　武朋玮　徐浩军　著

科 学 出 版 社

北 京

内 容 简 介

　　本书针对结冰条件下飞机飞行动力学系统稳定性及非线性稳定域(稳定平衡点的稳定安全边界)变化规律相关问题,以结冰影响的飞机动力学模型和气动参数模型为基础,应用相平面法、Lyapunov 函数法、流形法、正规形法等不同稳定域求解方法对飞机在结冰后的强非线性高维动力学系统稳定域进行系统深入的求解分析,并研究影响稳定域的相关因素。本书可为结冰条件下飞机的稳定域求解提供重要理论和方法支撑,提出的稳定域边界可为判断飞机结冰后的安全风险判定提供新的思路,在实践上可为结冰条件下的飞行事故预防和飞行安全保障提供科学具体的分析依据,推动飞机结冰安全保护设计理念的更新和发展。

　　本书可供控制科学与工程、航空宇航科学与工程等专业相关研究方向的科研人员及研究生、高年级本科生阅读参考。

图书在版编目（CIP）数据

结冰条件下飞机稳定性控制方法及应用 / 李颖晖等著. —北京：科学出版社，2020.6
　ISBN 978-7-03-065222-5

Ⅰ. ①结⋯　Ⅱ. ①李⋯　Ⅲ. ①结冰-影响-飞机-飞行稳定性-飞行控制-研究　Ⅳ. ①V212.12

中国版本图书馆 CIP 数据核字（2020）第 088860 号

责任编辑：张海娜　李　娜 / 责任校对：王萌萌
责任印制：吴兆东 / 封面设计：蓝正设计

科学出版社 出版
北京东黄城根北街 16 号
邮政编码：100717
http://www.sciencep.com
北京虎彩文化传播有限公司 印刷
科学出版社发行　各地新华书店经销
*
2020 年 6 月第 一 版　开本：720 × 1000　B5
2020 年 6 月第一次印刷　印张：11 3/4
字数：231 000
定价：98.00 元
（如有印装质量问题，我社负责调换）

前　　言

　　航空器飞行范围在大气层内，其飞行始终受到各种天气因素的影响。目前，航空装备已经成为运输工具的主要选择之一，因天气因素而中断或推迟飞行计划的情况仍然频繁出现。由天气因素导致的航空器飞行异常，不仅给驾驶员的操纵带来阻碍，也给乘客带来非常不好的搭乘体验，严重影响航空运输任务的完成。

　　结冰是广泛存在于飞行实践中的一种自然现象，一直都是飞行安全面临的重大问题。为了防止飞机结冰后发生危险，一般会采用两种方法进行结冰后的飞机安全保护：第一，避免结冰条件的形成；第二，结冰后使飞机在允许的状态范围内飞行。第一种方法主要是采用融冰、除冰等手段使飞机结冰条件弱化甚至是避免结冰，这样飞机还会处于原来设计的动力学状态。现代飞机都为节省每克重量而努力，对于机动性要求不是太高的大飞机，这种方法不仅会增加飞机重量，还存在除冰不彻底的情况，而且除冰过程中会消耗飞机部分能量，对飞机性能发挥会有一定影响。

　　第二种方法采用容冰飞行的方式，避免了增加防除冰设备，从而增加体积，使飞机重量增大的缺点。当结冰程度较为严重时，在除冰装置不能完全清理飞机表面积冰的条件下，控制飞机的姿态使其在结冰条件下仍然能够稳定飞行。其原理为：在计算和分析了受环境或者驾驶员因素影响的稳定性之后，计算出受影响条件下飞行关键参数的安全范围，并且通过计算机或者驾驶员操纵使飞行参数始终处于安全包线内。因此，最根本的方法还在于通过不同结冰条件下航空器与飞行安全边界的"距离"做出安全预警，以确保航空器的飞行安全。

　　目前，国内外仍然缺少解决结冰飞行问题的系统方案，解决结冰影响问题的措施主要集中在防除冰方面，但是防除冰设备存在体积大、重量大等弊端。因此，从飞行控制方面加以研究成为解决结冰影响问题的重要选择。ATR-72等飞机设计了飞机结冰飞行时的边界保护系统，该结冰边界保护系统的工作原理为：当飞机发生结冰时，就认为飞机发生了结冰程度最严重的结冰情形，立即开启边界保护系统，即减小飞机的安全包线范围，使飞机飞行受到限制，从而保护飞机结冰条件下的安全飞行。但是这种边界保护系统存在较大的劣势，当结冰程度大于设定的结冰程度标准时，实际的安全包线收缩更加剧烈，若仍然按照较小的结冰程度安全包线进行操纵，一旦偏离较重程度的结冰安全包线，飞机将发生失控；另外，当结冰程度小于设定的结冰程度标准时，飞机的操纵受到严重的限制，损失了飞机的飞行性能。

正是由于上述结冰边界保护系统的劣势,飞机上需要自适应的结冰安全保护系统,动态实时地监测飞机结冰程度的大小,并分析出飞机的性能,计算出对应的飞行安全包线,最终通过结冰安全保护系统保证飞行的安全。因此,深入研究和探讨结冰条件下的飞行安全边界,求解出尽可能全面、保守性小的结冰飞机安全边界和相关保护方法,对于提高结冰条件下飞机性能发挥与飞行安全水平具有极其重要的意义。

本书以结冰影响的飞机动力学模型和气动参数模型为基础,应用不同稳定域求解方法对飞机在结冰后动力学系统的强非线性高维系统稳定域进行系统全面的求解分析。全书共9章,第1章阐述研究飞机结冰问题的背景意义;第2章给出结冰飞机非线性模型构建;第3章介绍非线性稳定性分析及稳定域求解方法基础理论,并对比其优缺点;第4、5章分别应用相平面法、Lyapunov函数法、流形法对结冰飞机不同情况下的非线性动力学系统稳定域进行求解分析;第6章应用正规形法对结冰飞机着陆阶段非线性稳定域进行求解;第7章为基于可达集方法的结冰飞机着陆安全包线确定;第8章分析结冰飞机着陆安全包线的影响因素;第9章为基于可达集方法的结冰飞机着陆阶段安全风险评估。

本书的出版得到了国家重点基础发展研究计划项目(2015CB755805)的支持,在此表示感谢。

由于作者水平有限,书中难免存在不足之处,恳请专家、读者批评指正。

目　　录

第1章 绪 论

1.1 飞机结冰研究的背景意义

随着我国航空技术的不断发展，航空器设计制造水平不断提高与发展，现代航空器的用途已经不再局限于民用航空运输和军事航空飞行两大类，越来越多的通用航空，如商务飞行、应急搜救、私人探险飞行等领域对航空器有着越来越广泛的需求与应用，这就要求飞机可以在各种复杂气象条件下完成飞行任务。目前，随着航空运输需求不断增大，飞机飞行的航路和航线越来越密集，所涉及的地理区域不断增加,这些最终会导致飞机遭遇结冰气象条件的可能性进一步增加，给飞行安全带来隐患。

由于大气中含有不同相态的水，当飞行环境达到结冰条件时，大气中的水在与飞机部件的碰撞过程中冻结并累积起来，形成结冰。飞机结冰在实际飞行中广泛存在，如图 1.1 所示。飞机在飞行中结冰是非常危险的，结冰不仅会导致飞机重量增加，最主要的是飞机表面气流流场被冰层扰乱，进而飞机的气动性能遭到破坏，最终会引起飞机飞行性能和控制性能的恶化，危及飞行安全。

图 1.1 飞机结冰

一般来说，不同冰型、结冰程度的差异及发生结冰部位的区别，都会对飞机产生不同程度的影响，当然其对飞机飞行安全的危害程度也不尽同[1]。如图 1.2 所示，飞机机翼发生结冰，机翼的流场遭到破坏，导致飞机升力减小，阻力增大，飞机气动性能和操纵性能会不同程度地下降；若机翼结冰较厚，会使飞机重心前移而产生下俯力矩，影响飞机的稳定性；螺旋桨发生结冰，会降低动力系统的功率，而且可能会导致飞机颤动；进气道发生结冰，由于振动，冰层脱落会打坏飞机发动机叶片；风挡结冰，会阻碍飞行员视线；天线结冰，可能会对飞机通信造成影响，这些因素引起的事故，都会给人们的生命和财产安全带来巨大损失。

图 1.2 结冰对飞机的影响

飞机结冰是影响飞行安全甚至导致灾难性事故的重要隐患之一。根据美国国家运输安全委员会(National Transportation Safety Board，NTSB)的调查报告显示，飞行事故发生的地理位置、飞行目的、飞机类型、飞行状态、驾驶员的经验和气象等是引发结冰事故的主要影响因素[2]。

据美国联邦航空管理局(Federal Aviation Administration，FAA)飞行安全部统计[3]，1990～2000 年由天气原因引起的事故共 3230 起，其中，结冰引起的事故占 12%，在这些结冰事故中 92%发生在飞机飞行过程中(40%是结构件结冰，52%是感应器件结冰)。据不完全统计，在美国仅 1992～2000 年，就发生了 50 起与飞机结冰相关的飞行事故，导致 800 多人丧生[4]。2003～2008 年，又有 380 起与结冰有关的事故。这些都表明，随着航空事业的发展，飞机应用范围的拓展，飞机结冰事故率也不断上升，如图 1.3 所示。

20 世纪 20 年代，人们就开始了对飞机结冰的研究，直至今日，人们对飞机结冰有了越来越深入的了解和认识，各类防/除冰技术的发展也日臻成熟，即便如此，由结冰导致的飞行安全事故仍有发生。1989 年 3 月 10 日，加拿大安大略州发生一起飞行事故，原因就是在起飞时机翼结冰而导致失速，事故造成 24 人遇

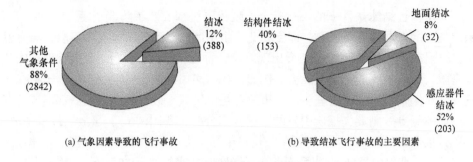

(a) 气象因素导致的飞行事故　　　　(b) 导致结冰飞行事故的主要因素

图 1.3 结冰飞行事故统计图

难，造成事故的起因就是飞机在大雪天气中等待了一段时间后未按规定再次除冰就进行起飞[5]。1991 年 12 月 27 日，美国雷安国际航空公司的一架飞机失事，起因也是飞机在大雪中等待了一段时间后未按规定除冰导致机翼结冰飞机失速坠地[5]。1994 年 10 月 31 日，美鹰航空一架涡桨飞机发生坠毁导致机上 68 人罹难，经事后分析，事故原因主要是襟翼缝隙处结冰导致飞机失控，最终酿成惨祸[6]。

我国国土面积辽阔，时区跨度大，纬度变化大，且高山、河流等复杂地理现象多，这些都造成了我国各地区的气象条件千差万别，且随着我国航空需求的进一步发展，全国范围内复杂气象条件下机场、航班航路的增加，飞机在飞行中遇到结冰气象的概率也会提高。我国也发生了多起严重的结冰事故，2001 年，我国两架军用运输机在着陆时连续坠毁，原因都是尾翼结冰。2002 年 12 月 21 日，我国台湾省复兴航空运输股份有限公司的一架 ATR-72 飞机在巡航过程中机翼发生结冰，飞机失速坠毁[7]。2004 年 12 月 21 日，中国东方航空集团有限公司一架 CRJ-200 飞机由于在起飞过程中机翼出现冰雪，机翼失速、迎角减小导致飞机在起飞过程中坠毁在内蒙古包头机场，机上 55 人全部罹难。2006 年 6 月 3 日，我国一架运输机在安徽失事，造成多名专家死亡，调查结果显示，事故原因为飞机发生结冰导致失控坠毁。这些伤亡惨重的案例进一步说明了研究飞机结冰相关问题的重要性。

2001 年欧盟发表的《欧洲航空发展战略 2020 展望》，将飞机结冰及防护列入欧洲航空未来 20 年的科研重点之一。美国国家航空航天局(National Aeronautics and Space Administration, NASA)认为，飞机结冰问题对航空运输系统的运输能力、安全与可靠性，以及国家与国土安全有着重要的影响，因此将飞机结冰相关研究列入民用航空技术领域高度优先技术发展计划。2007 年 3 月，国务院明确将安全性技术列为大型飞机研制中需要突破的十项关键技术之一，针对我国航空科学技术的高性能、高标准发展需求，深入开展飞机结冰及其防护的相关基础和技术研究具有重要而紧迫的意义。

为了保证结冰条件下的飞行安全，现代飞机都安装了防/除冰系统，各类防/除冰技术的发展也日臻成熟，即便如此，由结冰而导致的飞行安全事故仍时有发生，原因在于防/除冰系统难免会出现故障，而且即使正常运行，其能够保护的范围有限，冰层也不能完全被除去。例如，1994 年 10 月 31 日，ATR-72 飞机在印第安纳州坠毁，事故调查表明这次事故正是由机翼上表面防冰区域后部形成的突起展向冰脊导致副翼失控所引发的。据专家分析，我国"6·3 事故"以及 2012 年 4 月俄罗斯 ATR-72 支线客机事故也是由同一类结冰导致的。考虑防/除冰系统的代价，加上仅依靠防/除冰系统也并不能确保结冰条件下的安全性，因此最根本的方法还在于通过不同结冰条件下航空器与飞行安全边界的"距离"做出安全预警，以确保航空器的飞行安全。

结冰条件下的安全边界保护可以归结为对高维、不确定、强非线性系统的广义稳定边界及其临界安全预警的科学问题。本书立足于结冰影响的飞机气动与操稳特性及安全保护技术研究的应用需求而提出，以结冰影响的飞机动力学模型和气动参数模型为基础，应用不同稳定性分析方法和稳定域求解方法，针对飞机结冰后的纵向二维系统、高维非线性开环系统、考虑执行机构饱和的纵向非线性闭环系统等进行稳定性分析，并应用不同稳定域求解方法对飞机在结冰后动力学系统的强非线性高维系统稳定域(稳定平衡点的稳定安全边界)进行系统全面的求解分析，探索飞机结冰情况下的稳定域求解思路及稳定域变化规律。

1.2　飞机结冰的概念

了解结冰的基本概念是进行飞机结冰性能变化研究、开展飞机结冰安全分析和结冰预警设计并进行结冰安全保护的前提与基础。

1.2.1　飞机结冰机理

地球大气层按高度从下至上可分为对流层、平流层、中间层、电离层和散逸层五层。对流层为最底层，其下界是地面，上界因纬度和季节而异。对流层在低纬度地区平均厚度为 17～18km，中纬度为 10～12km，高纬度为 8～9km，我们能感知的所有天气现象都发生在对流层中，当然结冰现象也由存在于对流层中的水蒸气凝结而出现。当空气温度不断降低时，云层中的水滴就有可能变成冰晶或者过冷水滴(在 0℃以下不冻结仍然保持液态的水滴)。通常情况下，过冷水滴越小，其冰点就会越低，当飞机在含有过冷水滴的云层中飞行时，机体部件表面在和过冷水滴的碰撞过程中可能产生结冰[8-11]。实践表明，结冰大部分是由云层中的过冷水滴引起的，而由冰晶引起的飞机结冰，则相对来说较少[12]。图 1.4 为飞机结冰过程示意图。

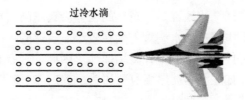

过冷水滴

图 1.4　飞机结冰过程示意图

1.2.2　飞机结冰条件

　　根据相关研究，飞机结冰特性及冰型等主要由气象条件、飞机外形及飞行状态三方面的因素决定[13,14]。

　　气象条件：结冰强度由云的液态水含量(liquid water content，LWC)、飞机周围空气温度(air temperature)和雾滴大小(droplet size)三个变量决定[15]，如图 1.5 所示。降水或者云是飞机结冰的必要条件，飞机在下面两种云层中飞行最有可能出现结冰现象：①层云(连续结冰现象)，高度在 5000ft[①]，水平宽度在 200m 以上，液态水含量为 0.1~0.9g/m³，水滴直径变化在 5~50μm；②积状云(间歇结冰现象)，高度在 10000ft，水平宽度约为 6m，液态水含量为 0.1~1.7g/m³，有时可达到 3.9g/m³ 甚至更多，水滴直径与层云相似。周围空气温度影响结冰的类型和强度，绝大部分结冰发生在-20~0℃，其中，50%的结冰发生在-12~-8℃，只有 4% 的结冰发生在温度低于-20℃的情况下。由于在气温低于-40℃时不存在过冷水滴，所以此时不会发生结冰。雾滴的大小影响结冰的类型和强度，但影响程度比液态水含量和空气温度小。

云中液态水含量

气温

雾滴大小

图 1.5　造成结冰的天气因素

---

① 1ft=3.048×10⁻¹m。

飞机外形：在同样结冰条件下，越小的物体会有越高的水滴聚集效率，当达到结冰条件时，云层中的过冷水滴首先会在较小、较薄的物体上聚集成冰，然后会在较大、较厚的部件表面上聚集并凝结成冰。因此，一般而言，薄翼型上会产生更为严重的结冰，如尾翼结冰厚度有时可为机翼的 2～3 倍[16]；部件的表面光滑程度也会对结冰速率产生影响。

飞行状态：飞机暴露在气流中的部位取决于飞机的飞行姿态，结合飞机外形对结冰的影响可分析出，当飞行迎角增加时，相当于有更多的部件变厚了，虽然这样的效果会减小水滴聚集，但反过来又使得飞机部件和气流流场的接触面积增大，从而增大了水滴的收集区域[16]。此外，飞机飞行速度对结冰也有一定影响，水滴和飞机部件表面的撞击数会随飞行速度的变化而不同，从而影响结冰形成速度，但当飞机飞行速度不断增加时，气动热作用又会对飞机结冰冰型、结冰发生位置和结冰强度等产生影响，甚至会因气动力加热不再发生结冰。

1.2.3　飞机结冰冰型

不同飞行条件下，飞机结冰过程也会有差异，飞机部件表面所形成的冰层在外形、结构、强度及危害程度上有很大的不同，根据结冰的物理过程，可将结冰冰型分为三类：霜状冰、瘤状冰和混合冰[17-22]。

(1) 霜状冰(rime ice)(图 1.6)：又称雾凇或结晶体冰，霜状冰一般在飞机部件所处周围环境温度低于–20℃、飞机飞行速度较低且云层中过冷水滴的尺度比较小的情况下出现。过冷水滴撞到机翼表面以后，冻结的速度非常快，以至于其外形还基本保持原样，已冻结冰粒之间的气泡根本来不及排出，水滴之间会保持有空隙，霜状冰呈乳白色，较干燥且透明度较差，无光泽，密度也较小，因此霜状冰又称为"无光泽冰"和"毛冰"等。霜状冰一般发生在机翼前缘，表面较粗糙，且其密度小，组织松脆，易脱落，因此霜状冰会对飞机飞行安全带来较大危害。

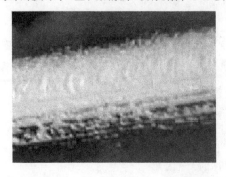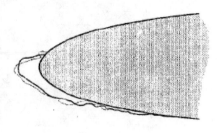

图 1.6　霜状冰

(2) 瘤状冰(glaze ice)(图 1.7)：又称明冰、光冰，通常在环境温度略低于冰点

(-10~0℃)、过冷水滴尺寸较大且飞行速度比较高的条件下形成。由于水滴尺寸大，撞击到飞机机翼表面时，惯性作用导致水滴运动状态不易改变，所以瘤状冰在部件表面上的凝结区域较宽泛。瘤状冰由于其表面光滑等特征，在一些资料里又被称为"透明冰"或者"玻璃冰"。瘤状冰的外形不规则，沿翼型表面的弦向分布较广，冰体透明难以发现，且冰中没有气泡，组织致密，不易脱落，但其外形特征会对飞机气动特性产生严重影响，因此瘤状冰会对飞机飞行安全带来严重影响和危害。

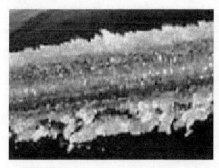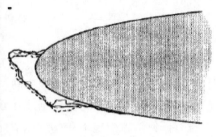

图 1.7　瘤状冰

(3) 混合冰(mixed ice)(图 1.8)：又称"毛冰"，多形成于结冰表面环境温度在-20~-10℃，是一种介于霜状冰和瘤状冰之间的冰型。因为混合冰色泽类似于白瓷，在有些资料中又被称为"瓷冰"。混合冰形成时云层中大、小水滴并存，所以兼具霜状冰和瘤状冰两者的特点，其中的主要特点是外形呈钝头体状，表面粗糙不平，对飞机气动外形的破坏影响大，而且混合冰与机体表面的连接也十分牢固，不容易脱落，因此混合冰对飞机飞行安全的危害有时比瘤状冰更严重。

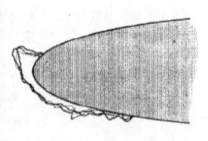

图 1.8　混合冰

根据对飞机发生的结冰冰型的统计，在三种结冰冰型中，混合冰出现概率居首，霜状冰相对较少，而瘤状冰最少。根据俄罗斯对苏 ИЛ-14 进行的近百次结冰飞行试验结果显示，比例最小的是瘤状冰，仅占 12.9%，霜状冰占 32.3%，混合冰所占的比例高达 54.8%[23]。按照结冰物理过程分类，结冰冰型还有积霜和干积冰等，但实践表明大部分的结冰还是霜状冰、瘤状冰以及混合冰。有部分文献还按冰的几何外形对结冰进行了分类[24]。

1.2.4　飞机结冰强度、程度

为定量描述不同结冰条件下的结冰特性，即结冰对飞行安全的危害程度，提出结冰强度的概念，在结冰规范中，特定的结冰强度等级都有明确的定义。20 世纪 40 年代，美国气象局在进行了一次圆柱体结冰的测量试验后，首次提出将结冰强度划分为四个等级[25-27]，后经过不断改进发展，结冰程度可按下面标准进行划分。

(1) 弱(trace)结冰：每分钟结冰小于 0.6mm，结冰速率很慢，此时结冰刚能够觉察到，一般不会对飞机飞行构成威胁。

(2) 轻度(light)结冰：每分钟结冰在 0.6～1.1mm，结冰以一定速率增长，如果飞机在没有任何防冰措施下在此结冰情况下长时间飞行，飞机的飞行安全就会受到威胁。

(3) 中度(moderate)结冰：每分钟结冰在 1.1～2.0mm，此时冰以可能对飞行安全造成威胁的速度快速凝结，这种程度的结冰，即使结冰发生时间很短，飞机飞行安全也会受到危害。

(4) 强(severe)结冰：每分钟结冰大于 2.0mm，此种情况下，结冰速率极快，此时即使启用飞机上的防/除冰系统，效果也不明显，除非直接果断地使飞机驶出结冰区域。

前面介绍飞机结冰气象条件时提到影响结冰强度的因素主要有温度、水滴大小和云中过冷水含量等，且结冰强度正比于云中过冷水含量和水滴大小，而非气象因素如速度、物面参数等也会对结冰强度有一定影响。图 1.9 展示了某型飞机发生结冰与空速和温度的关系，从图中的结冰区变化可以看出，随着空速的逐步增大，发生结冰的温度会随之降低，也说明了结冰强度与飞机飞行速度的反比关系[28]。根据相关研究，结冰强度与结冰部件表面粗糙度成正比，但与翼型前缘曲率半径成反比。因此，飞机在实际飞行中，同样条件下翼尖和尾翼会比翼面的结冰更严重。

随着世界航空业的不断发展和人们对结冰研究的不断深入，对结冰强度的定义和标准也不断进行着发展和变化[29]。例如，在气象学上分析结冰，结冰强度主要是用液态水含量来代表的。部分资料中也有用飞行速度、冻结比例及水滴收集系数等参数的组合来表征结冰强度的，有的资料中还引用了相对结冰强度来表示结冰的严重程度。

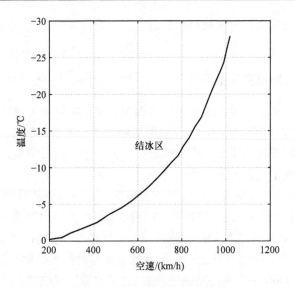

图 1.9　结冰与空速和温度关系

　　显然结冰强度越大，对飞行安全危害也就越大，但飞机飞行过程中仅依靠结冰强度不能完全反映出结冰的危害程度。例如，当飞机在结冰条件下飞行时，即使结冰强度弱，但飞机处于这种条件下的时间长，结冰量的增加也会对飞机造成严重影响。反之，如果飞机仅是短时间内处于发生强结冰的飞行环境下，部件表面的结冰量不会对飞机产生过大影响。因此，为了使飞行员能对飞机的结冰影响有准确的判断，后来又引入结冰程度的概念。

　　结冰程度是指飞机部件表面在飞机处于结冰环境的时间段内所结冰型的厚度。由定义可看出，结冰程度受结冰发生时间和结冰速度影响，结冰程度一般按表 1.1 所示的情况进行分类。

表 1.1　结冰程度

等级	弱结冰	轻度结冰	中度结冰	强结冰
最大厚度/mm	0.1~5.0	5.1~15	15.1~30	>30

　　在相同的结冰环境下，部件结冰表面形状的不同，也会引起具体的结冰程度数值的差异，表 1.1 所示的结冰程度数值仅是针对飞机机翼结冰情况给出的。

1.3　飞机结冰的危害及影响

　　飞机结冰被人们认识是从其危害开始的，早在 20 世纪 20 年代就已经引起了人们的关注，现在人们对飞机结冰的危害，以及结冰后飞机性能的变化有了越来越深入的了解。

1.3.1　飞机结冰对航空安全的危害

几乎所有类型的飞机都会发生结冰现象，NTSB 的相关统计数据显示[27]：在 1975～1981 年 7 年间发生的所有飞机结冰事故中，超过 1/2 以上都导致了人员死亡，其中，商用飞机结冰事故中 40%都是致命事故，这些事故严重影响了商用飞机的安全并造成了大量的人员伤亡。

统计 1975～1988 年飞机在飞行过程中发生的结冰事故数(由于在飞行中，所以大多数事故是致命的)，平均每年大约有 30 起相关事故发生，有的年份甚至超过 50 起，一些特殊环境，如高山或湖泊，会使结冰事故频率和危险性显著增加。在 1981～1988 年，因结冰发生的飞行事故总数竟高达 542 起[27]。表 1.2 给出了航空领域 1997～2006 年出现的结冰事故数、总事故数以及由气象条件导致的飞行事故数，且给出各种情况所占比例[30]。

表 1.2　1997～2006 年结冰事故统计

年份	结冰事故数/起	总事故数/起	结冰事故数占总事故数的百分比/%	气象事故数/起	结冰事故数占气象事故数的百分比/%
1997	52	8081	0.64	332	15.66
1998	34	8428	0.40	276	12.32
1999	29	9866	0.29	245	11.84
2000	38	7998	0.48	232	16.38
2001	21	8612	0.24	197	10.66
2002	26	7198	0.36	201	12.94
2003	32	8143	0.39	266	12.03
2004	27	6200	0.44	161	16.77
2005	25	3524	0.71	109	22.94
2006	11	5196	0.21	188	5.85

从表 1.2 中数据可看出，随着时间的推移，发生结冰事故的次数有所减少，但其所占比例仍然较大，仍是造成航空事故的重要原因之一。

1.3.2　飞机结冰对飞机飞行性能的影响

结冰对飞机飞行性能的影响是多方面的，飞机在飞行过程中，只要满足结冰

条件，所有部件的迎风面上都有可能发生结冰。一般来说，结冰部位、结冰类型
及结冰程度都会对飞机飞行性能带来不同程度的影响。

1. 升力面结冰

机翼和尾翼是飞机的升力面，结冰主要发生在升力面部件的前缘部分。在设
计飞机时，飞机翼型被设计为流线型就是为了减小飞机在飞行过程中所受的阻力，
但在机翼迎风面发生结冰后，结冰的存在会导致翼型流线的变化，致使流过翼型
表面的流场产生扰动，翼型表面的附面层转捩，进而导致翼型的摩擦阻力和压差
阻力增大[24,31,32]，阻力系数增加。图 1.10 为波音 737-200 机翼结冰前后的阻力系
数 C_D 试验测量数据值[33]，从中可看出，结冰后机翼阻力有较大幅度增加。

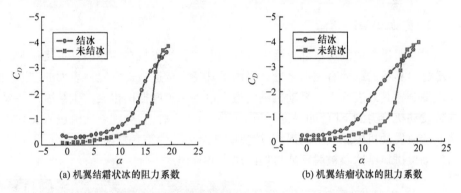

(a) 机翼结霜状冰的阻力系数   (b) 机翼结瘤状冰的阻力系数

图 1.10 波音 737-200 机翼结冰前后的阻力系数试验测量数据值

结冰扰乱了翼型的流场，不但会造成翼型阻力上升，还会造成翼型的升力严
重减小。图 1.11 为波音 737-200 机翼结冰前后的升力系数 C_L 变化对比[33]。由于
升力降低，为了保持原来的飞行高度，飞机必须维持比未结冰时更大的迎角 α，
这样又会增大机翼和机身的结冰面积，使危险进一步加剧。

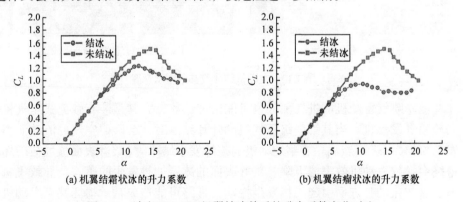

(a) 机翼结霜状冰的升力系数   (b) 机翼结瘤状冰的升力系数

图 1.11 波音 737-200 机翼结冰前后的升力系数变化对比

　　结冰翼型表面流场被破坏，气流提前分离，因此结冰后飞机的失速迎角也会减小，从图 1.11 可明显看出，结冰导致失速迎角下降。结冰引起的升力下降，阻力增大，也会加剧飞机的失速。

　　结冰引起的飞机气动特性的下降造成飞机的飞行性能严重降低，进而会造成飞机在起飞阶段、爬升阶段、巡航阶段及进场着陆时的各项指标都发生恶化，给飞机操纵带来不利影响。

　　飞机结冰引起的翼型气动外形变化会对翼型焦点的位置产生影响，进而引起飞机静稳定性的变化。结冰引起的飞机气动特性变化也会导致飞机各气动导数的改变，进而引起飞机动稳定性的变化。因此，结冰会影响飞机的稳定性。结冰还会导致飞机操纵性能的恶化，这些都是本书研究需要关注的重点。

2. 发动机结冰

　　发动机进气道的进口部分通常为翼型形式，当飞机在结冰条件下飞行时，进口部分与翼型的结冰有类似之处，又由于其特殊构造，进气道内表面的结冰强度及范围会比其外表面大。发动机进气道入口的保护叶栅网也会发生结冰，结果会导致发动机推力的下降。如果进气道上的冰层发生脱落，会随着气流进入发动机，从而造成发动机中压气机的损伤，严重的甚至会导致整台发动机的报废[34]，图 1.12 为发动机进口结冰及被脱落冰打伤的风扇叶片照片。

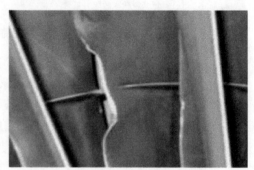

(a) 发动机进口结冰　　　　　　　　　　(b) 被脱落冰打伤的风扇叶片照片

图 1.12　发动机结冰及其危害示意图

　　涡轮喷气发动机的进气部件也可能出现结冰，尤其是装有轴流式压气机的涡轮喷气发动机，当其第一级压气机的叶片结冰时，会阻碍空气的流动而引起发动机推力下降。当涡轮旋桨发动机的桨叶发生结冰时，桨叶表面流场被破坏，最终会导致发动机效率的下降，桨叶表面的冰层如果发生脱落，会导致飞机动力装置的振动，进而引起飞机发生振动，最终可能造成轴承损坏甚至发动机停车等事故。

3. 其他部位结冰

风挡结冰：风挡结冰会阻碍飞行员的视线，尤其是在起飞和着陆阶段，如果发生风挡结冰会给飞行员的操作带来极大困难，甚至引发危险[35]。

天线结冰：天线结冰会改变天线的物理特性，对机上通信产生影响，如果飞机在复杂气象条件下飞行，天线结冰严重时甚至会造成通信中断[36]。

测温、测压传感头结冰：空速管、静压孔等对飞机的安全飞行起着至关重要的作用，这些部件发生结冰，会给驾驶工作带来不必要的麻烦，严重时甚至会造成飞行员甚至是飞机系统的误操作，给飞行安全带来隐患。

1.3.3 飞机结冰对航空运行经济性的影响

飞机结冰也对航空运行经济性有较大影响。随着航空业的不断发展，从事航空的企业越来越多，现在除了要保障航空运输的安全高效外，行业之间的竞争也越来越大。因此，现在飞机生产商和航空公司在确保飞机安全的基础上，都在努力增加航空运输的经济性，如提高飞机可靠性和使用寿命，通过新材料的应用降低飞机重量、减少油耗、增加航程等。飞机机体发生结冰后，飞机阻力会大大增加，例如，对于一架大型商用机，如果在其飞行过程中能将摩擦力减小 3%，那么仅燃油一项每年可为航空公司节省超过 15 万美元[37]，由此可见，飞机结冰对飞机的经济性特别是飞机燃油消耗的影响非常大。

当前飞机上广泛使用的防/除冰系统，体积大、重量大；能耗高、费用高；结构复杂、维修困难[38]。例如，直升机开启热防冰系统，当其长时间处在结冰环境中时，系统需要不断工作以保证飞机结冰的消除，系统不断工作就会造成发动机功率的下降，油耗增加，甚至会恶化发动机工作环境，导致发动机寿命受到影响，这些都会对飞机经济性产生负面影响[39]。

随着现代生活水平的不断提高，人们对航班的要求不仅局限于方便快捷，航空服务的效率和安全也越来越受到重视。如果航空公司不能高效、及时地保证乘客的出行需求，其发展就会受到阻碍。这就要求航空公司必须提高飞机应对各种飞行环境特别是处理好结冰环境下的飞行安全问题，否则，就会增大航空公司运营成本，并给其带来其他方面的经济损失。

1.4 国内外研究现状

从飞行器最早一次遭遇结冰飞行事故起，人类就不得不密切关注结冰与飞行安全问题。提高结冰条件下的飞行安全有两种主要途径：一是从气动设计的角度，在保证所设计的飞机外形具有良好气动特性的前提下，避免结冰条件的形成或者尽可能地减少结冰，使其对飞机气动特性的影响尽可能小；二是从操稳和控制层面，通过调整结冰条件下的飞行控制律，进行飞行安全边界保护，确保飞机始终在安全范围内飞行。本书主要从第二种方法入手，分析飞机结冰后的稳定性变化，并对其安全边界和安全边界保护方法进行探索研究，因此下面重点对研究过程中所涉及的结冰对飞机性能影响和边界保护等方面的研究现状进行综述。

1.4.1　结冰对飞机性能影响的研究现状

1. 国外研究现状

国外在飞机结冰方面的研究起步较早，最早可追溯到20世纪20年代末[40,41]，在整个过程中，探索了一系列行之有效的研究方法，并取得了不少重要的试验和理论成果。美国国家航空咨询委员会(National Advisory Committee for Aeronautics, NACA)在Lewis结冰风洞中做了大量重要的试验研究和理论分析[42-44]，从而推动了人们对结冰过程的理解和认识，并开发出了针对飞机的防/除冰系统。

20世纪40~60年代，这一时期的结冰研究主要集中在风洞试验，同时数值模拟技术也在缓慢发展。Preston等在1948年便利用试验研究测量了结冰对飞机阻力的影响[45]；随后一段时间，Gray等通过试验对翼型的结冰过程及结冰引起的翼型气动特性变化进行了定量研究分析[46-49]；1958年，Gray还提出了预测结冰阻力系数的经验公式和著名的Brumby曲线[50]，但受限于当时计算机的计算能力，数值模拟这一重要工具未发展起来。可以看出，此阶段研究主要集中在结冰后的飞机气动特性分析上，而对结冰给飞机性能带来的影响研究较少。

20世纪70年代，国外相关研究主要集中在结冰对飞机飞行性能的影响上[51,52]。Wilder和Sundberg等提出了可用来评估不同冰型对飞机飞行性能影响的方法[53,54]。Jackson在研究了结冰对飞机气动特性影响规律的前提下，设计了相关计算程序，可用于快速计算评估结冰对飞机气动特性的影响[55]。1979年，NASA启动了飞机结冰研究计划，此时计算机能力的提高尤其是计算流体力学技术的发展给数值模拟提供了帮助，使人们开始用计算机仿真计算来研究结冰对飞机的影响。

20世纪80年代，试验及数值模拟的运用促进了人们对结冰影响机理研究的速度[56]。1982年开始，Bragg等进行了大量风洞试验研究结冰对飞机机翼气动特性的影响，利用模拟冰型研究了结冰对机翼流场的影响机理[57-62]；1984年，Ranaudo通过飞机在自然结冰环境下的飞行试验，测量了飞机结冰后的飞行性能等相关数据[63]；1985年开始，Potapczuk等应用数值模拟手段对结冰引起的翼型流场非定常气动参数进行了计算[64-66]。

20世纪90年代初期，随着飞机设计技术的进步，不同翼型结冰研究也得到进一步发展[67-72]。到了90年代中后期，相关研究单位开始研究结冰引起的平尾失速机理，提出了失速后的恢复操纵建议，并开始关注冰脊引起的飞机气动变化机理及影响[73-81]。

2000 年之后，随着人们对结冰产生机理、条件及结冰对飞机气动特性影响研究的逐步深入，结冰对飞机飞行性能及品质的影响成为人们关注的重点。Bragg 等通过简单的结冰影响模型研究了不同环境温度对结冰程度、结冰后飞机动力学特性变化的影响等，同时提出通过结冰后飞机稳态参数的变化可判断飞机的结冰程度[82]。Pokhariyal 等根据研究提出神经网络技术对求解结冰前后的动力学特性有很好的适用性，并在此基础上研究了不同结冰程度对飞机飞行性能的影响[83]。Whalen 等研究分析了结冰后飞机飞行性能和控制的变化特点[84]。Lampton 等通过结冰影响模型研究了飞机结冰后滚转、偏航等横航向的动态特性响应及稳定性变化，同时说明了结冰对飞行员操纵响应的敏感性[85]。Frank 等分析了三维翼型的表面结冰后失速迎角下降量和最大升力系数减少值之间的关系[86]。

目前，国外对飞机结冰机理、结冰后飞机气动特性变化、结冰对飞机飞行性能影响等做了大量研究并取得了丰硕成果。其中，由 NASA 的 Glenn 研究中心对"双水獭"飞机在自然冰型和模拟冰型对飞机气动特性的影响情况研究中所取得的庞大结冰数据资料等，为结冰条件下的飞机性能计算、安全飞行等提供了重要参考。

2. 国内研究现状

20 世纪 80 年代中后期，飞机结冰的相关研究报道才在我国逐步出现。裘燮纲等在 1985 年著写的《飞机防冰系统》[13]，是国内最早对结冰方面知识进行系统介绍的文献。近年来，随着计算方法的发展以及计算流体力学(computational fluid dynamics，CFD)软件的成熟，国内结冰研究也越来越多。

1987 年，我国相关机构研究了 Y12-II 飞机在自然结冰条件下飞行性能的变化[87]，并于 1995 年与飞机在干空气中带模拟冰条件下的飞行试验进行了对比分析[88]。1990 年，上官云信等对 Y-7 飞机进行了带模拟冰的风洞试验[89]，1999 年，对 Y7-200A 型飞机进行自然结冰的飞行试验[90]。我国自主研制的 ARJ21-700 飞机于 2012 年 3 月 19 日完成 1 架次有效自然结冰防冰系统试飞。但由于我国航空工业发展起步较晚，目前自然结冰条件的飞机飞行试验研究还比较欠缺，资料和经验积累比较薄弱。

在结冰后飞机气动特性数值模拟方面，2004 年，钟长生等应用数值模拟对飞机结冰后的飞行特性进行了分析研究，并对结冰后飞机飞行特性变化分析方法给出了意见和建议[91]。2005 年，陈维建等通过数值模拟，研究了不同冰型对机翼气动力的影响区别[92]。桑为民等通过求解雷诺平均方程研究了不同冰型对翼型及翼身组合体的气动特性影响，发现飞机结冰使升力面的外形和粗糙度增大，气流提前分离，升力系数明显下降[93,94]。2005 年，张力涛开发出相应的求解带冰翼型、多段翼型的升阻力和压力分布的计算程序，并与试验结果对比，证明了其所研究方法的正确性[95]。2006 年，张强等利用数值模拟的方法得出了飞机结冰后的的气动特性，并指出结冰时间、冰型等对飞机飞行性能有直接影响，研究时需同时考虑两个因素对飞机的影响[96]。2007 年，周华等用 FLUENT 软件对 NACA 0012 翼型结冰前后气动性能进行了对比分析，指出失速迎角提前是造成结冰后机翼气动性能恶化的主要原因[97]。

在结冰对飞行动力学特性影响研究方面，王明丰等和钟长生等对结冰前后飞机动稳定性以及结冰后各个操纵舵面的阶跃响应变化进行了分析对比[98,99]。袁坤刚等通过研究平尾结冰对飞机的影响，发现平尾结冰将导致俯仰阻尼和升降舵效率严重下降，对飞行稳定性、操纵性以及飞行安全构成一定的威胁[100]。蒋天俊和王起达研究计算了不同冰型情况下飞机全机的气动特性，并分析了结冰后飞机的纵向稳定性和操纵性变化[101,102]。张强等首先应用飞机结冰参量模型对飞机结冰前后的参数变化进行了计算，然后研究了飞机结冰前后纵向短周期模态、长周期模态的变化情况，最后对结冰后飞机副翼、方向舵阶跃响应特性进行了对比分析[103]。周莉等研究了结冰前后飞机对驾驶员控制输入指令的响应特性，并分析了结冰对飞机爬升性能的影响[104]。

2004 年，位于四川绵阳的中国空气动力研究与发展中心率先在国内建成了一座试验性结冰风洞；2013 年，我国第一座大型结冰风洞又在中国空气动力研究与发展中心建成，该风洞主试验段截面尺寸为 3m×2m，也是目前世界上最大的结冰风洞，也已经完成多期型号试验。这些都为我国飞机结冰的研究提供了坚实的基础与平台。

近年来，包括北京航空航天大学、中国空气动力研究与发展中心、复旦大学、南京航空航天大学和西北工业大学等单位针对结冰对飞机性能的影响都开展了大量的工作，目前已取得了重大进展。

1.4.2 结冰条件下飞行安全边界保护的研究现状

考虑到飞机防/除冰系统可能会失效和对跨结冰区域飞行的需求，为确保飞机在结冰条件下的飞行安全，研究人员针对飞机自然结冰条件下如何确保飞行安全以及操纵飞机的各种实际方法开展了大量工作。

1. 国外研究现状

1998 年，Bragg 等提出了飞机智能防冰系统的设计思想并开展了相关学科组合的系统性研究[105]。智能防冰系统是通过传感器实时检测结冰情况，通过计算确定了结冰对飞机性能、稳定性及操纵性的影响程度，为系统提供必要的结冰信息并自动激活和管理结冰保护系统，在此基础上应用飞行控制系统修改飞行包线来避免可能出现的飞行失控，最终通过调整飞机控制律以确保飞机在带冰飞行时具有良好的飞行品质。2001~2002 年，NASA 启动了智能防冰计划[106]。

2002 年，Merret 等探讨了智能防冰系统开发中所涉及的飞机性能及品质[107]，研究了考虑大气扰动情况下的结冰飞机包线保护。2003 年，Hossain 等用自适应控制技术，对结冰后的包线保护机制进行了改进，分别针对手动和自动驾驶仪飞行模式下的开环和闭环保护算法进行了研究，仿真结果表明，该方法可以计算出结冰条件下的失速边界，且能够有效避免结冰条件下飞行事故的发生[108]。2004年，Sharma 等分析了结冰后飞机系统的二次稳定性，并分别验证了线性和非线性运动学和动力学特性下的包线保护能力[109]。2008~2010 年，美国田纳西大学空间研究院与 Bihrle 应用研究技术公司合作，建立发展了结冰边界保护系统 ICEPro。2010 年，美国的 Gingras 实验室设计的飞机结冰包线保护系统，能通过飞机所携带的电子设备得到系统判断包线所需要的数据，通过分析飞机结冰后的性能及品质变化，向飞行员提供安全指示，以避免结冰事故的发生[110]。此外，飞机结冰后的控制问题也有部分研究[111,112]。

2. 国内研究现状

相比于国外，国内对飞机结冰后的边界保护研究相对比较薄弱，有些问题的研究还不够深入。

2006 年，张智勇根据设计的包线保护控制律，建立了结冰飞行包线保护仿真模型并进行了仿真计算，结果表明其所建立系统可增强飞机容冰能力[113]。2007 年，袁坤刚等应用工程方法引入了几个结冰参数，并根据这些参数计算了结冰后飞机的飞行包线[100]。2008 年，杜亮等在分析了结冰对飞行包线影响的基础上，在二级折线软限制式迎角限制器中引入结冰信息，通过设定限制器阈值来实时改变可用飞行包线范围，从而保证飞机在结冰后的包线范围内飞行[114]。2010 年，应思斌等通过简化的飞机结冰模型，建立了飞机结冰包线保护系统，该系统可以对飞行员做出迎角失速告警，从而保证飞行员采取相关措施保护飞机的飞行安全[115,116]。2011 年，刘东亮等根据结冰后飞机气动参数的变化，提出对失速进行定量风险评估来判断结冰后飞机的飞行风险，并以此进行后续保护措施[117]。周莉对结冰条件下的飞行安全保障方法进行了相关研究，在分析结冰引起的不确定性基础上，设计出了状态反馈保性能控制器和输出反馈保性能控制器，并针对结冰飞行事故的特点设计出了最优边界保护算法[118]。

综合国内外关于结冰条件下的飞机性能变化及包线保护机制的研究现状和发展动态可见，国内外学者进行了大量研究，为结冰条件下的飞行安全问题做出了巨大的贡献。从中可以归纳出未来研究可借鉴之处以及不足之处。可借鉴之处为:各种条件下结冰的仿真及试验研究以及对飞行参数的影响是结冰保护的基础;在线估计结冰严重程度及实时调整极限保护值依然是需要采用的设计理念。存在的不足为:结冰后飞机动力学系统存在高维性、不确定性及强非线性,以往的保护方法偏于启发、依赖经验,边界的确定不全面。因此,深入研究和探讨结冰条件下的飞行安全边界,得到尽可能全面、保守性小的结冰飞机安全边界和相关保护方法,对于提高结冰条件下飞机性能发挥与飞行安全水平具有极其重要的意义。

1.5　本书的主要研究内容

本书在分析结冰对飞机气动特性影响的基础上,构建考虑结冰影响的飞机非线性动力学模型,根据非线性稳定性理论,对结冰飞机动力学系统稳定性进行分析,采用相平面法、Lyapunov函数法、流形法和正规形法等稳定域确定方法,对飞机结冰前后的非线性动力学系统的稳定域进行了求解分析,并对结冰条件下的飞机稳定边界安全预警及边界保护开展了探索性研究。

全文共9章,具体内容如下。

第1章绪论,阐述了研究飞机结冰问题的背景意义,概述了飞机结冰机理、结冰条件、结冰冰型和飞机结冰强度、结冰程度等结冰相关概念,对结冰危害和结冰对飞行性能影响及结冰安全保护的研究现状进行了综述,最后给出了本书的主要内容和研究思路,并进行归纳总结,理清了本书的组织结构。

第2章飞机非线性动力学模型及结冰影响建模,介绍飞机的本体动力学模型,构建飞机非线性气动力及力矩模型,在分析结冰对飞机气动特性影响的基础上,结合飞机气动特性模型和结冰试飞试验数据,应用修正因子对飞机结冰后在失速区的气动特性进行非线性修正,构建结冰气动参数影响模型。这些工作为研究考虑结冰影响的复杂非线性系统飞行动力学、稳定性分析及安全边界研究提供基础。

第3章非线性稳定性分析及稳定域求解方法基础理论。在分析传统安全边界的基础上,提出用结冰后飞机非线性动力学系统稳定域作为结冰飞机在稳定平衡点处的安全边界。随后根据非线性系统稳定域理论,给出相关的稳定性分析方法。针对不同模型特点,给出本书研究飞机非线性动力学系统稳定域的求解方法理论,分析各种方法的优缺点及适用情况,为后面内容的研究提供了理论基础与指导。

第4章结冰飞机纵向二维系统稳定性及非线性稳定域分析。短周期模态是研究飞机纵向稳定性的重点,首先分析结冰对飞机纵向短周期模态的影响,随后通过相平面法刻画不同飞行状态下飞机迎角和俯仰角速度构成的纵向动力学系统的稳定域,并探讨迎角和俯仰角速度对纵向稳定性的影响规律,最后通过构造Lyapunov函数,提出新的临界值c的确定方法,求得结冰飞机纵向二维Lyapunov

稳定域，并与相平面法给出的稳定域进行对比。

第 5 章基于流形法的结冰飞机高维非线性稳定域确定，利用非线性分叉分析方法研究结冰飞机开环非线性动力学系统的结构稳定性，接着应用流形法计算结冰飞机开环系统的三维稳定域，并对结冰前后稳定域变化进行对比分析。考虑到执行机构饱和也会导致飞机非线性的增加，因此在建立考虑执行机构饱和的闭环增稳控制模型基础上，应用流形法确定闭环系统的稳定域，并进一步分析结冰程度和执行机构饱和值改变对飞机闭环稳定域的影响。

第 6 章基于正规形法的结冰飞机着陆阶段非线性稳定域确定，给出高阶非线性映射求解系统稳定边界的方法，并利用高阶正规形法求解飞机下降过程纵向闭环系统稳定边界，在此基础上分析结冰因子变化对飞机稳定边界的影响，利用稳定边界及参数研究分析着陆阶段拉平减速过程中飞机轻度结冰和重度结冰情况对飞行安全的威胁，最后对稳定域边界优化控制进行研究，通过改变控制律的设计可将系统稳定域延伸扩展到更大范围。

第 7 章结冰飞机的着陆安全包线计算，阐述传统安全包线的定义，基于可达集理论给出本书安全包线的定义，研究着陆阶段飞机遭遇结冰时的安全包线求解方法，进而对结冰情形未知条件下的安全包线进行估计，最后对所确定的安全包线进行分析。

第 8 章结冰飞机着陆安全包线影响因素分析，首先分析着陆阶段飞机质量、迎角、结冰冰型以及襟翼偏角对安全包线的影响；其次通过对比机翼、平尾、全机结冰条件下的安全包线，分析结冰位置对安全包线的影响。

第 9 章基于可达集方法的结冰飞机着陆阶段安全风险评估，首先对极端条件下的飞行危险性进行分析，进而提出本书的飞机结冰风险评估方法，最后提取关键参数，利用极值理论计算发生飞行风险的概率。

第 2 章　飞机非线性动力学模型及结冰影响建模

飞机动力学模型和结冰对飞机气动特性的影响是研究结冰后飞行动力学特性和飞行安全的基础。通过风洞试验、数值仿真等手段，人们对结冰机理及结冰对飞机气动特性的影响有了较为深入的认识。为了研究飞机结冰前后动力学系统的稳定性及非线性稳定域变化，本章首先介绍飞机的本体动力学模型，随后在分析结冰对气动特性影响的基础上，根据已有的飞机气动特性模型和结冰试飞试验数据，针对结冰对气动参数影响的模型进行非线性修正，使本书研究模型进一步贴近实际。

2.1　飞机本体运动方程

建立飞机运动方程[119-122]的目的在于研究飞机的运动参数、状态参数随时间的变化规律。建立飞机的本体模型，对飞机运动规律进行描述，是研究结冰对飞机动力学系统的影响及系统稳定性的基础。

2.1.1　坐标轴系

在建立飞机运动方程前，为了给出飞机的相关动力学信息，必须引入包括地面坐标系、机体坐标系、稳定坐标系和速度坐标系等多种坐标系，其均采用右手直角坐标系[121]。为方便定义飞机运动变量及建立飞机运动方程，且与国际标准相符，采用美式坐标系[120]。

1. 地面坐标系 $O_e x_e y_e z_e$

地面坐标系，顾名思义是固定在地球表面上的，一般可将地面坐标系的原点 O_e 固定于地面任意某点(例如，讨论飞机飞行动力学时一般将飞机起飞点作为原点)；$O_e x_e$ 轴指向地平面某一任意选定方向(如北方或飞机目标方向等)；$O_e z_e$ 轴铅垂向下；$O_e y_e$ 轴垂直 $O_e x_e z_e$ 平面，按右手定则确定。此坐标系经常用来描述飞机位置和姿态等。

2. 机体坐标系 $O x_b y_b z_b$

机体坐标系是随飞机一起运动的坐标系，原点位于飞机的质心，$O x_b$ 轴位于飞机的纵向对称平面内，平行于机身轴线，指向前；Oz_b轴也位于纵向对称平面内，与Ox_b轴垂直，指向下；Oy_b轴按右手定则确定，其垂直于飞机对称平面指向右。气动力矩的三个分量是对机体坐标系的三根轴定义的。

3. 稳定坐标系 $Ox_s y_s z_s$

稳定坐标系固联于飞机的坐标系，一般用来分析扰动对飞机静稳定性的影响。Ox_s轴取飞行速度V(未扰动运动)在对称平面的投影方向；Oz_s轴在对称平面内，垂直于Ox_s轴，指向下；Oy_s轴垂直于对称平面，指向右。

4. 速度坐标系 $Ox_a y_a z_a$

速度坐标系的原点位于飞机质心处，Ox_a轴始终指向飞机的空速方向；Oz_a轴位于飞机对称平面内，垂直于Ox_a轴，向下为正；Oy_a轴垂直于$Ox_a z_a$平面，指向右。速度坐标系又称气流坐标系或风轴系。

这些坐标系中，机体坐标系、稳定坐标系、速度坐标系为动坐标系(图 2.1)，地面坐标系固定于地面，因此为惯性坐标系。

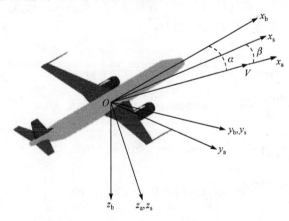

图 2.1 速度坐标系、稳定坐标系与机体坐标系

2.1.2 飞机基本运动方程

本书的飞机动力学模型基于以下假设：
(1) 不考虑飞行高度变化引起的重力加速度的变化；
(2) 忽略地球自转和地球质心的曲线运动；
(3) 忽略地球曲率及飞机运动对地球产生的离心加速度；
(4) 将飞机视为刚体，不考虑飞机的弹性变形；

(5) 忽略机体内活动部件的运动及机体旋转部件在飞机运动时产生的陀螺力矩。

飞机动力学六自由度全量运动方程包括质心运动方程和绕质心的转动方程，可参考文献[119]~[122]了解飞机全量运动方程的详细推导过程，这里只给出这些论文研究的相关内容。

机体坐标系的质心运动方程为

$$\begin{cases} \dot{u} = rv - qw - g\sin\theta + F_x/m \\ \dot{v} = -ru + pw + g\sin\phi\cos\theta + F_y/m \\ \dot{w} = qu - pv + g\cos\phi\cos\theta + F_z/m \end{cases} \tag{2.1}$$

式中，u、v、w 为飞行速度分别在机体坐标系 Ox_b、Oy_b 和 Oz_b 轴上的分量；θ 为机体俯仰角；ϕ 为机体滚转角；p、q、r 分别为飞机的角速度在 Ox_b、Oy_b 和 Oz_b 轴上的分量，即滚转角速度、俯仰角速度和偏航角速度；m 为飞机的质量；g 为重力加速度；F_x、F_y、F_z 分别为飞机所受除重力外的合外力在机体坐标系 Ox_b、Oy_b 和 Oz_b 轴上的分量。

将速度、角速度和气动力及推力在机体坐标系的投影代入式(2.1)，可得到质心在机体坐标系的动力学方程组如下：

$$\begin{cases} \dot{V} = -\left(\dfrac{F_T\cos\varphi + X_b}{m} - g\sin\theta\right)\cos\alpha\cos\beta - \left(\dfrac{Y_b}{m} + g\sin\phi\cos\theta\right)\sin\beta \\ \qquad + \left(\dfrac{F_T\sin\varphi + Z_b}{m} - g\cos\phi\cos\theta\right)\sin\alpha\cos\beta \\ \dot{\alpha} = q + \dfrac{1}{\cos\beta}\left[\left(-\dfrac{F_T\cos\varphi + X_b}{mV} + \dfrac{g}{V}\sin\theta - r\sin\beta\right)\sin\alpha\right. \\ \qquad \left. + \left(\dfrac{F_T\sin\varphi + X_b}{mV} + \dfrac{g}{V}\cos\phi\cos\theta - p\sin\beta\right)\cos\alpha\right] \\ \dot{\beta} = -\cos\alpha\left[\left(\dfrac{F_T\sin\varphi + X_b}{mV} - \dfrac{g}{V}\sin\theta\right)\sin\beta + r\right] + \left(\dfrac{Y_b}{mV} + \dfrac{g}{V}\sin\phi\cos\theta\right)\cos\beta \\ \qquad + \left[\left(\dfrac{F_T\sin\varphi - Z_b}{mV} - \dfrac{g}{V}\cos\phi\cos\theta\right)\sin\beta + p\right]\sin\alpha \end{cases}$$

$$\tag{2.2}$$

式中，V 为飞行速度；α 为飞机迎角；β 为侧滑角；φ 为发动机安装角；X_b、Y_b、Z_b 分别为飞机气动力在 Ox_b、Oy_b 和 Oz_b 轴上的分量；F_T 为发动机的推力。

飞机绕质心的转动动力学方程为

$$
\begin{cases}
L = \dot{p}I_x - \dot{r}I_{xz} + qr(I_z - I_y) - pqI_{xz} \\
M = \dot{q}I_y + pr(I_x - I_z) + (p^2 - r^2)I_{xz} \\
N = \dot{r}I_z - \dot{p}I_{xz} + pq(I_y - I_x) + qrI_{xz}
\end{cases}
\tag{2.3}
$$

可转换为

$$
\begin{cases}
\dot{p} = \dfrac{1}{I_x}L - \dfrac{I_z - I_y}{I_x}qr + \dfrac{I_{xz}}{I_x}(pq + \dot{r}) \\[2mm]
\dot{q} = \dfrac{1}{I_y}M - \dfrac{I_x - I_z}{I_y}rp - \dfrac{I_{xz}}{I_y}(p^2 - r^2) \\[2mm]
\dot{r} = \dfrac{1}{I_z}N - \dfrac{I_y - I_x}{I_z}pq - \dfrac{I_{xz}}{I_z}(qr - \dot{p})
\end{cases}
\tag{2.4}
$$

式中，L、M、N 分别为飞机所受合力矩在机体坐标系三个轴上的分量，即滚转、俯仰和偏航力矩；I_x、I_y、I_z 分别为飞机对 Ox_b、Oy_b 和 Oz_b 轴的转动惯量；I_{xz} 为飞机对 Ox_b 与 Oz_b 轴的惯性积分比。由于飞机纵向对称面的存在，$I_{xy} = I_{yz} = 0$。

　　飞机运动学方程包括质点移动的运动学方程和飞机转动的运动学方程，飞机质点移动的运动学方程为

$$
\begin{cases}
\dot{x}_g = u\cos\psi\cos\theta + v(\cos\psi\sin\theta\sin\phi - \sin\psi\cos\phi) \\
\qquad + w(\cos\psi\sin\theta\cos\phi + \sin\psi\sin\phi) \\
\dot{y}_g = u\sin\psi\cos\theta + v(\sin\psi\sin\theta\sin\phi - \cos\psi\cos\phi) \\
\qquad + w(\sin\psi\sin\theta\cos\phi - \cos\psi\sin\phi) \\
\dot{z}_g = -u\sin\theta + v\sin\phi\cos\theta + w\cos\phi\sin\theta
\end{cases}
\tag{2.5}
$$

飞机转动的运动学方程为

$$
\begin{cases}
\dot{\phi} = p + \tan\theta(q\sin\phi + r\cos\phi) \\
\dot{\theta} = q\cos\phi - r\sin\phi \\
\dot{\psi} = (q\sin\phi + r\cos\phi) / \cos\theta
\end{cases}
\tag{2.6}
$$

式中，ψ 为偏航角；x_g、y_g、z_g 分别为飞机在地面坐标系三个方向上的位移。

2.1.3　小扰动线性化状态方程模型

　　人们最常用"小扰动"假设，将高维非线性的飞机微分方程在工作点处进行线性化，来分析研究飞机的稳定性问题[123]。应用小扰动法可使研究人员通过解析求解的方式得到飞机某些参数对系统稳定性的影响，确定飞行品质指标。目前，在分析飞机飞行品质与性质，以及结冰后飞机性能变化的研究中，小扰动法得到

了广泛应用，这种方法使得计算简单快捷，且在忽略次要因素的前提下，能够保证一定精度并达到工程应用的目的。但当需要考虑非线性因素，特别是结冰引起的非线性时，这种方法就会失去其适用性，本书后面会对飞机结冰后的非线性分析进行展开研究。

小扰动法的基本思想：引入基准运动和小扰动运动，且小扰动运动偏离基准运动非常小，将含有小扰动运动参数与基准运动参数之间差值的高阶小量略去后，以微小偏量为状态变量，即将高阶非线性耦合的动力学微分方程组进行线性化和降阶处理，得到线性化的飞机运动方程。

设飞机的非线性运动方程形式为

$$f(x, y, \cdots, z) = 0 \tag{2.7}$$

式中，变量 $x, y, \cdots, z$ 为相关运动参数或其对时间的导数。

设基准运动方程为

$$f(x_0, y_0, \cdots, z_0) = 0 \tag{2.8}$$

扰动运动方程为

$$f(x_0 + \Delta x, y_0 + \Delta y, \cdots, z_0 + \Delta z) = 0 \tag{2.9}$$

式中，$x_0, y_0, \cdots, z_0$ 为基准运动参数或其导数；$\Delta x, \Delta y, \cdots, \Delta z$ 为受扰运动参数的偏量。

在基准点 $x_0, y_0, \cdots, z_0$ 处对式(2.9)进行泰勒级数展开，忽略二阶及二阶以上小量，得

$$f(x_0, y_0, \cdots, z_0) + \left(\frac{\partial f}{\partial x}\right)_0 \Delta x + \left(\frac{\partial f}{\partial y}\right)_0 \Delta y + \cdots + \left(\frac{\partial f}{\partial z}\right)_0 \Delta z = 0 \tag{2.10}$$

式(2.10)减去式(2.8)可得

$$\left(\frac{\partial f}{\partial x}\right)_0 \Delta x + \left(\frac{\partial f}{\partial y}\right)_0 \Delta y + \cdots + \left(\frac{\partial f}{\partial z}\right)_0 \Delta z = 0 \tag{2.11}$$

即运动方程线性化公式。

在对飞机运动方程进行小扰动线性化之前，必须满足以下条件：

(1) 基准运动为定常直线平飞平衡状态；

(2) 扰动运动在基准运动的基础上产生且扰动量足够小；

(3) 飞机气动外形和质量对称分布，即飞行器具有对称平面；

(4) 不考虑高度微小变化对气动力及气动力矩的影响。

应用小扰动过程中，纵向小扰动量与横航向小扰动量互相不影响各自方向上的气动力以及气动力矩，因此可将飞机刚体运动分解为纵向和横航向分别进行近似研究[124]。具体推导过程可参考文献[125]，其中基准运动的参数以下标 "0" 表

示，扰动运动用 Δ 表示。

1. 纵向小扰动状态方程模型

将飞机纵向小扰动运动方程表示成如下标准式：

$$\dot{x} = Ax + Bu \tag{2.12}$$

式中，x 为状态变量；u 为 m 维控制矢量；A 为 $n \times n$ 系统矩阵；B 为 $n \times m$ 控制矩阵。

纵向小扰动状态方程中，取状态变量 $x = [\Delta V, \Delta \alpha, \Delta q, \Delta \theta, \Delta H]^{\mathrm{T}}$，控制变量 $u = [\Delta \delta_e, \Delta \delta_p]^{\mathrm{T}}$，则其矩阵形式为

$$
\begin{bmatrix} \Delta \dot{V} \\ \Delta \dot{\alpha} \\ \Delta \dot{q} \\ \Delta \dot{\theta} \\ \Delta \dot{H} \end{bmatrix} =
\begin{bmatrix}
X_V & X_\alpha + g\cos\gamma_0 & 0 \\
-\dfrac{Z_V}{1+Z_{\dot{\alpha}}} & -\dfrac{Z_\alpha - g\sin\gamma_0 / V_0}{1+Z_{\dot{\alpha}}} & \dfrac{1-Z_q}{1+Z_{\dot{\alpha}}} \\
\bar{M}_V - \dfrac{\bar{M}_{\dot{\alpha}} Z_V}{1+Z_{\dot{\alpha}}} & \bar{M}_\alpha - \dfrac{\bar{M}_{\dot{\alpha}}(Z_\alpha - g\sin\gamma_0/V_0)}{1+Z_{\dot{\alpha}}} & \bar{M}_q - \dfrac{\bar{M}_{\dot{\alpha}}(1-Z_q)}{1+Z_{\dot{\alpha}}} \\
0 & 0 & 1 \\
-\sin\gamma_0 & V_0\cos\gamma_0 & 0
\end{bmatrix}
$$

$$
\begin{matrix}
-g\cos\gamma_0 & X_H \\
-\dfrac{g\sin\gamma_0 / V_0}{1+Z_{\dot{\alpha}}} & -\dfrac{Z_H}{1+Z_{\dot{\alpha}}} \\
\dfrac{-\bar{M}_{\dot{\alpha}} g\sin\gamma_0/V_0}{1+Z_{\dot{\alpha}}} \bar{M}_H & -\dfrac{\bar{M}_{\dot{\alpha}} Z_H}{1+Z_{\dot{\alpha}}} \\
0 & 0 \\
-V_0\cos\gamma_0 & 0
\end{matrix}
\begin{bmatrix} \Delta V \\ \Delta \alpha \\ \Delta q \\ \Delta \theta \\ \Delta H \end{bmatrix} +
\begin{bmatrix}
-X_{\delta_e}/m & X_{\delta_p} \\
-\dfrac{Z_{\delta_e}}{1+Z_{\dot{\alpha}}} & -\dfrac{Z_{\delta_p}}{1+Z_{\dot{\alpha}}} \\
\bar{M}_{\delta_e} - \dfrac{\bar{M}_{\dot{\alpha}} Z_{\delta_e}}{1+Z_{\dot{\alpha}}} & \bar{M}_{\delta_p} - \dfrac{\bar{M}_{\dot{\alpha}} Z_{\delta_p}}{1+Z_{\dot{\alpha}}} \\
0 & 0 \\
0 & 0
\end{bmatrix}
\begin{bmatrix} \Delta \delta_e \\ \Delta \delta_p \end{bmatrix}
$$

$$\tag{2.13}$$

式中，H 为飞行高度；X 为总的空气动力在速度坐标系中的阻力分量；Z 为总的空气动力在速度坐标系中的升力分量；γ 为航迹倾角；δ_e 为升降舵偏角；δ_p 为油门位置；V_0 和 γ_0 分别为配平状态下的速度和航迹倾角；X_*、Z_*、M_* 为有量纲气动参数，其具体表达式和计算方法可参考文献[126]。

纵向扰动运动的典型模态分别为表征轨迹变化的长周期模态和表征角度变化的短周期模态。其中，短周期模态是高频率、大阻尼的振荡运动，飞行员在实际飞行过程中往往来不及修正，对飞机飞行安全等影响较大，因此短周期模态往往是研究飞机纵向稳定性的重点。

2. 横航向小扰动状态方程

横航向小扰动状态方程表达与纵向相似，在横航向小扰动状态方程中，取状态变量 $x = [\Delta\beta, \Delta p, \Delta r, \Delta\phi]^T$，控制变量 $u = [\Delta\delta_a, \Delta\delta_r]^T$，则其矩阵形式为

$$
\begin{bmatrix} \Delta\dot{\beta} \\ \Delta\dot{p} \\ \Delta\dot{r} \\ \Delta\phi \end{bmatrix} = \begin{bmatrix} \overline{Y}_\beta & \alpha_* + \overline{Y}_p & \overline{Y} - L_r & g\cos\theta_* / V_* \\ \overline{L}_\beta & \overline{L}_p & \overline{L}_r & 0 \\ \overline{N}_\beta & \overline{N}_p & \overline{N}_r & 0 \\ 0 & 1 & \tan\theta_* & 0 \end{bmatrix} \begin{bmatrix} \Delta\dot{\beta} \\ \Delta\dot{p} \\ \Delta\dot{r} \\ \Delta\phi \end{bmatrix} + \begin{bmatrix} 0 & \overline{Y}_{\delta_r} \\ \overline{L}_{\delta_a} & \overline{L}_{\delta_r} \\ \overline{N}_{\delta_a} & \overline{N}_{\delta_r} \\ 0 & 0 \end{bmatrix} \begin{bmatrix} \Delta\delta_a \\ \Delta\delta_r \end{bmatrix} \tag{2.14}
$$

式中，Y 为总的空气动力在速度坐标系中的侧力分量；δ_a 为副翼偏角；δ_r 为方向舵偏角；α_* 为迎角；θ_* 为俯仰角；V_* 为飞行速度；Y_*、L_*、N_* 为有量纲气动参数，其具体表达式和计算方法可参考文献[126]。

2.2　飞机非线性气动力及力矩模型构建

飞机气动力及力矩模型也有线性和非线性之分，线性模型一般应用于气动角较小且变化范围不大的情况，常用于飞机稳定性及飞行品质的分析，非线性气动力模型和气动力矩模型使得飞机可以在较大气动角(一般为迎角 α、侧滑角 β 等)下应用，且气动角变化范围更大，一般在跨声速和过失速范围应用可取得较好效果。

2.2.1　线性气动力及气动力矩模型

线性化气动力及气动力矩基于小扰动假设提出，在飞机达到失速迎角前的很大范围内，飞机的主要气动力及气动力矩的变化与气动参数的扰动量呈线性关系，如果飞机在此范围内飞行时遭遇扰动，飞机的惯性会使其在较短时间内气动参数只有较小的变化量。如果确定了飞机在某一状态下的气动参数和受力情况，则在此状态附近一定范围内，飞机受力可以用基于气动参数的线性化方程来进行计算。

通常情况下，飞机气动力及气动力矩都是其飞行状态和控制输入量的线性函数，气动力和气动力矩的一般数学模型为

$$
C_i = \sum_{j=1}^n C_{ix_j} + \sum_k C_{i\delta_k} \delta_k \tag{2.15}
$$

式中，C_i 为气动力系数；C_{ix_j} 为气动力系数 C_i 对某状态参数 x_j 的气动导数；$C_{i\delta_k}$ 为气动力系数 C_i 对某操纵参数 δ_k 的操纵导数。气动力及气动力矩的线性化小扰

动方程与飞机运动方程的小扰动方程类似，其纵向气动力和气动力矩只与飞机纵向运动参数和操纵参数有关，横航向气动力和气动力矩只与飞机横航向运动参数和操纵参数有关。

在实际过程中，各气动力及气动力矩系数都根据其物理意义进行了简化，例如在纵向，稳定性项是力和力矩对纵向参数迎角 α 的导数，阻尼项是力和力矩对纵向参数俯仰角速度 q 的导数；在横航向，稳定性项是力和力矩对横航向参数偏航角 ψ 的导数，阻尼项是力和力矩对横航向参数偏航角速度 r 和滚转角速度 p 的导数。控制项则分别是对其相应纵向和横航向舵偏角的导数。

气动力和气动力矩系数的线性模型表示如下：

$$
\begin{cases}
C_x = C_{x0} + C_{x\alpha}\alpha + C_{xq}q\dfrac{\overline{c}}{2V} + C_{x_{\delta_e}}\delta_e \\[2mm]
C_y = C_{y0} + C_{y\beta}\beta + C_{yp}p\dfrac{\overline{c}}{2V} + C_{yr}r\dfrac{\overline{c}}{2V} + C_{y_{\delta_r}}\delta_r \\[2mm]
C_z = C_{z0} + C_{z\alpha}\alpha + C_{zq}q\dfrac{\overline{c}}{2V} + C_{z_{\delta_e}}\delta_e \\[2mm]
C_l = C_{l0} + C_{l\beta}\beta + C_{lp}p\dfrac{b}{2V} + C_{lr}r\dfrac{b}{2V} + C_{l_{\delta_a}}\delta_a + C_{l_{\delta_r}}\delta_r \\[2mm]
C_m = C_{m0} + C_{m\alpha}\alpha + C_{mq}q\dfrac{\overline{c}}{2V} + C_{m_{\delta_e}}\delta_e \\[2mm]
C_n = C_{n0} + C_{n\beta}\beta + C_{np}p\dfrac{b}{2V} + C_{nr}r\dfrac{b}{2V} + C_{n_{\delta_a}}\delta_a + C_{n_{\delta_r}}\delta_r
\end{cases}
\tag{2.16}
$$

式中，C_x、C_y、C_z 分别为飞机气动力系数在机体坐标系各轴上的分量；C_m、C_l、C_n 分别为飞机绕机体坐标系的俯仰、滚转和偏航力矩系数；b 为飞机翼展；$\overline{c}$ 为飞机机翼的平均气动弦长；C_{**} 为各气动系数及力矩系数对各参数的导数。

2.2.2 非线性气动力及气动力矩模型

通常情况下，研究飞机运动特性时，都将飞机看作线性系统，但当飞机飞行迎角逐渐增大，尤其是在靠近失速迎角时，飞机气动力和气动力矩会表现出很强的非线性，与其小迎角状态下完全不同，此时翼面会出现附面层分离和涡破裂等现象，使得飞机不仅气动力和气动力矩变化剧烈，且会引起一些特殊运动现象，如机翼摇晃、滚转耦合、机头上仰等。当飞机发生结冰后，翼面流场受到结冰影响，气流分离会提前，在正常飞行的小迎角范围内都会发生失速，再加上结冰引起的其他非线性现象，线性模型就不再适用，此时就需要采用非线性系统方法来对飞机的气动力和气动力矩进行建模。

在 2.2.1 节的线性气动力和气动力矩模型中，气动力系数和气动力矩系数是飞机状态参数和操纵参数的线性函数，式(2.16)中，气动导数 C_{ix} 和操纵导数 $C_{i\delta}$ 在一定的气动角内是固定不变的，但进入失速迎角范围，尤其考虑结冰影响后，飞机所受气动力和气动力矩都会随着相关气动角和角速度及结冰变化而发生较强的非线性变化，此时的纵向和横航向耦合增强，纵向和横航向的分离原则也不再适用。

对于非线性气动力和气动力矩函数，基于小扰动假设的线性化处理方式不再成立，那么其对应的气动导数也不再准确。但为了方便理解，在对线性气动力模型进行非线性扩展时，仍会使用"气动导数"这个用语，因此也会继续采用类似线性气动力和气动力矩模型的公式。

某型飞机气动力及气动力矩非线性模型公式如下：

$$
\begin{cases}
C_x = C_x(\alpha,\beta,\delta_e) + \dfrac{q\overline{c}}{2V}C_{xq}(\alpha) \\[2mm]
C_y = C_y(\alpha,\beta,\delta_e) + \delta_a C_{y\delta_a}(\alpha,\beta) + \delta_r C_{y\delta_r}(\alpha,\beta) + \dfrac{b}{2V}\Big[pC_{yp}(\alpha) + rC_{yr}(\alpha)\Big] \\[2mm]
C_z = C_z(\alpha,\beta,\delta_e) + \dfrac{q\overline{c}}{2V}C_{zq}(\alpha) \\[2mm]
C_l = C_l(\alpha,\beta,\delta_e) + \delta_a C_{l\delta_a}(\alpha,\beta) + \delta_r C_{l\delta_r}(\alpha,\beta) + \dfrac{b}{2V}\Big[pC_{lp}(\alpha) + rC_{lr}(\alpha)\Big] \\[2mm]
C_m = C_m(\alpha,\beta,\delta_e) + \dfrac{q\overline{c}}{2V}C_{mq}(\alpha) \\[2mm]
C_n = C_n(\alpha,\beta,\delta_e) + \delta_a C_{n\delta_a}(\alpha,\beta) + \delta_r C_{n\delta_r}(\alpha,\beta) + \dfrac{b}{2V}\Big[pC_{np}(\alpha) + rC_{nr}(\alpha)\Big]
\end{cases}
\tag{2.17}
$$

从式(2.17)中可看出，纵向稳定性项不再是力和力矩仅对纵向参数迎角 α 的导数，横航向的稳定性项也不再是力和力矩仅对横航向参数偏航角 ψ 的导数，控制项也出现了纵向和横航向参数之间的耦合，这些也说明了气动力和气动力矩非线性的复杂性。

鉴于飞机气动力导数和气动力矩导数的强非线性，常用的气动力及气动力矩算法有两种：①插值法，将气动导数和气动力矩导数按照状态变量的变化写成数值曲线或表格存储起来，在需要某状态下的气动导数和气动力矩导数时进行插值计算。②高阶拟合函数法，将飞机的非线性气动力和气动力矩导数表达为相关状态变量的非线性高阶函数，这些状态变量一般包括速度、高度、角度和角速度等，具体使用过程依据所提供的气动数据形式确定。本书后续相关研究根据计算情况对这两种形式的气动力及气动力矩算法都有应用。

飞机在大迎角的相关非线性气动力和气动力矩参数一般都是通过风动试验取

得(图 2.2 为 NASA Lewis 结冰风洞及模型试验图),但一般在公开发表的文献中难以找出比较全面的试验数据,因此可以在一些确定数据基础上搜集相关类似飞机数据对飞机非线性气动力及气动力矩进行补全,并进行相关修正,最终建立飞机的非线性气动力及气动力矩模型。

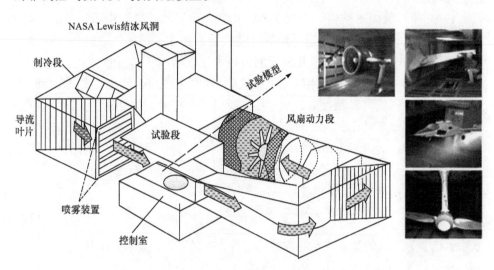

图 2.2　NASA Lewis 结冰风洞及模型试验图

本书数据主要是参考已有飞机的气动力及气动力矩数据并对相关数据进行非线性扩展取得,侧重点在结冰后的飞机非线性动力学系统的稳定域求解方法研究。

2.3　结冰气动影响模型

结冰对飞机气动特性的影响是研究飞机在结冰条件下飞行动力学特性和稳定性变化的基础。目前,通过风洞试验、数值计算等手段,人们对于结冰对飞机气动特性的影响已经有了比较全面和系统的认识。查阅飞机结冰后气动特性变化相关文献可发现,很少有从飞机在自然结冰条件下的飞行中获得结冰相关气动参数、稳定性导数与操纵导数等,但通过试验获得的气动数据周期长、成本高,因此很多研究机构都使用数值仿真方法来获取结冰后相关飞机的气动数据。

2.3.1　线性气动参数结冰影响气动模型

要建立精确的结冰影响气动模型,需要大量较为完整、精确的数据资料,但目前与结冰条件相对应的完整气动数据资料却十分缺乏,且由于结冰现象的复杂性和结冰条件的多样性，要建立准确的结冰影响气动模型就会较为困难。但是，要研究结冰后飞机非线性动力学特性及安全边界，需要建立一个可以反映飞机在不同结冰条件下气动特性的模型，因此一个相对简单但又能反映出结冰后气动特性变化的通用模型建立就成为急需解决的问题。

1993 年，美国密歇根州立大学的研究学者采用改进的逐步回归参量识别技术，并根据飞行试验直接测量得到的气动数据，建立了结冰气动模型[127]。2001年，美国伊利诺伊大学研究利用神经网络技术建立结冰气动模型[83]。

本书采用一个简化的通用结冰飞机气动模型，因为不同冰型、结冰时间、结冰部位等都对飞机气动特性有较大影响，所以该模型的精确性有所欠缺，但此模型能较为合理地反映出结冰对气动导数及操纵导数的影响规律，在飞机结冰研究中经常被使用，且便于飞机飞行动力学与控制的研究。因此，本书将简化模型应用于求解飞机结冰后的气动力及气动力矩的处理过程是可行的。

结冰气动模型以下面的方程为基础[82]：

$$C_{(A)\text{iced}} = (1 + \eta_{\text{ice}} \cdot K'_{CA})C_{(A)} \tag{2.18}$$

式中，$C_{(A)}$ 为飞机的某一气动导数或稳定性、操纵导数，如阻力系数 C_D；$C_{(A)\text{iced}}$ 为结冰后该气动导数值；η_{ice} 为结冰的严重程度，是结冰量和结冰严重性的综合显示，η_{ice} 和飞机类型无关，是由飞机所处的大气环境决定的；K'_{CA} 为结冰系数，是结冰对飞机气动参数类型等的敏感程度。

在式(2.18)中，$K'_{CA} = f$(IPS，飞机的几何外形和构造，结冰情况，飞行速度)，其中，IPS 代表结冰保护系统(ice protection system)的工作情况。

η_{ice} 目前被设计为两个自变量参数的函数：

$$\eta_{\text{ice}} = f(n, A_c E) \tag{2.19}$$

式中，n 为冻结系数；A_c 为累积参数；E 为收集效率。

冻结系数 n 是部件表面一点处发生结冰的水滴量与参加撞击水滴量的比值系数：

$$n = \frac{\text{结冰水滴量}}{\text{撞击水滴量}} \tag{2.20}$$

冰型对发生结冰的水滴量有很大影响，Cook 在其研究中给出了一种计算冻结系数的简单方法[128]。

累积参数 A_c 是一个连续的无量纲量：

$$A_c = \frac{V(\text{LWC})t}{\rho_{\text{ice}}c} \tag{2.21}$$

式中，V 为自由流的速度；LWC 为自由流的液态水含量；t 为时间；ρ_{ice} 为冰的密度；c 为翼型的弦长。

累积效率 E 定义为参加撞击的水滴量与机体投影面内水滴量的比值：

$$E = \frac{撞击的水滴量}{机体投影面内水滴量} \tag{2.22}$$

结冰严重程度参数 η_{ice} 的公式是 NACA 结冰风洞研究中获得相关数据并对冻结系数 n 和 $A_c E$ 进行拟合得到的。结冰气象条件决定着 n、$A_c E$ 的变化，因此 η_{ice} 反映了实际结冰气象条件，可通过式(2.23)确定：

$$\eta_{ice} = \frac{\Delta C_D(\text{NACA 0012}, V = 324\text{km}/\text{h}, 实际情形)}{\Delta C_{Dref}(\text{NACA 0012}, V = 324\text{km}/\text{h}, 最大情形)} \tag{2.23}$$

式中，ΔC_D 为弦长 $c = 91.44\text{cm}$ 的 NACA 0012 翼型在速度 $324\text{km}/\text{h}$ 的实际大气环境下结冰后的阻力增量；ΔC_{Dref} 为此翼型在最严重结冰条件下的阻力系数增量。

若要求解实际飞机在实际飞行速度下的结冰影响，可根据如下公式：

$$C_{(A)iced} = (1 + \eta \cdot K_{CA})C_{(A)} \tag{2.24}$$

式中，$K_{CA} = \dfrac{\eta_{ice}}{\eta} K'_{CA}$。

η 为飞机结冰严重程度因子，是一个随时间变化的参量，$\eta \in [0,1]$ 表征不同结冰气象条件下的结冰严重程度，反映当前的结冰条件。当 $\eta = 0$ 时，表示无冰状态；而 $\eta = 1$ 则代表飞机出现了最严重程度的结冰。K_{CA} 为变换后的结冰影响系数，反映实际结冰条件下，飞机性能、气动及操纵参数或导数 $C_{(A)}$ 对结冰的敏感性。对于给定飞机，K_{CA} 为常值，只与飞机气动参数 $C_{(A)}$ 的类型有关。该模型通过用飞机结冰严重程度因子 η 求解不同结冰条件对飞机各参数的影响，已广泛应用于飞机结冰影响研究与包线保护研究中。

表 2.1 为"双水獭"飞机结冰前后气动参数的试验值[113]，试验条件为：飞行高度 $H = 3000\text{m}$，飞行速度 $V = 45\text{m}/\text{s}$，环境温度 $T = 25℉$，自由流的液态水含量 LWC $= 0.65\text{g}/\text{m}^3$，水滴平均直径 MVD $= 20\mu\text{m}$，结冰时间 $t = 30\text{s}$。由表 2.1 中结冰对飞机气动参数的影响系数值 K_{CA} 可以看出，某些气动参数如 C_{z0}、C_{yp} 和 C_{lr} 等受结冰的影响较小，但结冰对一些操纵性导数如 $C_{l\delta_a}$、$C_{m\delta_e}$ 和 $C_{z\delta_e}$ 等却有着相对较大的影响，这些现象说明结冰会增加飞行员操纵飞机的难度，增加结冰后事故出现的概率。

表 2.1　"双水獭"飞机结冰前后气动参数的试验值

气动导数	未结冰 $C_{(A)}$ 值	结冰 $C_{(A)\text{ice}}$ 值	结冰严重程度因子 η	影响系数 K_{CA}
C_{z0}	−0.360	−0.360	0.3	0.000
$C_{z\alpha}$	−5.660	−3.144	0.3	−1.484
C_{zq}	−19.970	−18.827	0.3	−0.207
$C_{z\delta_e}$	−0.608	−0.351	0.3	−1.407
C_{x0}	−0.049	−0.144	0.3	6.527
C_{m0}	0.040	0.040	0.3	0.000
$C_{m\alpha}$	−1.310	−0.734	0.3	−1.467
C_{mq}	−34.200	−28.880	0.3	−0.519
$C_{m\delta_e}$	−1.740	−0.967	0.3	−1.481
$C_{y\beta}$	−0.600	−0.067	0.3	−2.963
C_{yp}	−0.200	−0.200	0.3	0.000
C_{yr}	0.400	0.400	0.3	0.000
$C_{y\delta_r}$	0.150	0.097	0.3	−1.185
$C_{l\beta}$	−0.080	−0.044	0.3	−1.481
C_{lp}	−0.500	−0.278	0.3	−1.481
C_{lr}	0.060	0.060	0.3	0.000
$C_{l\delta_a}$	−0.150	−0.083	0.3	−1.481
$C_{l\delta_r}$	0.015	0.097	0.3	−1.185
$C_{n\beta}$	0.100	0.011	0.3	−2.963
C_{np}	−0.060	−0.060	0.3	0.000
C_{nr}	−0.180	−0.132	0.3	−0.889
$C_{n\delta_r}$	−0.125	−0.081	0.3	−1.185
$C_{n\delta_a}$	−0.001	−0.001	0.3	0.000

2.3.2　非线性气动参数结冰影响建模

前面章节提到过，随着结冰改变翼面的气动外形，飞机迎角的不断增大，结冰会导致翼型流场的破坏，使得附面层增厚，气流分离提前，从而导致飞机升力线的斜率下降，失速迎角减小。从图 2.3 中可看出，随着结冰时间的增加，结冰程度逐渐增强，飞机失速迎角急剧减小，在近失速区及失速迎角处的升力系数变化非常明显。飞机在结冰条件下飞行过程中，结冰引起失速迎角的减少程度无法轻易判断，这易引起飞行事故的发生。

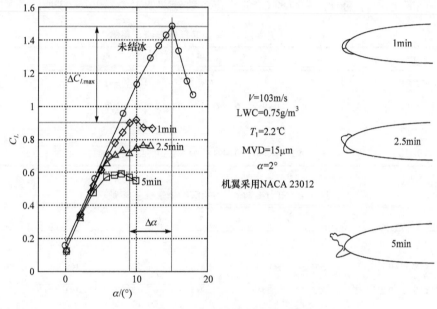

图 2.3　NASA 结冰风洞升力系数试验结果

以 NACA 23012 翼型结冰数据中的瘤状冰结冰数据为例进行说明[129]。从图 2.4 中看出，结冰后飞机的气动特性变化非常复杂，用式(2.24)来描述近失速

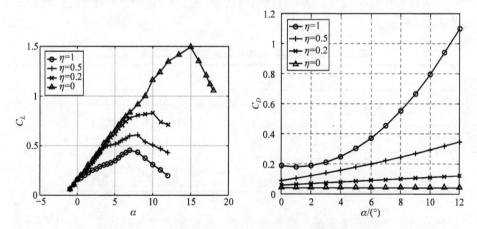

图 2.4　C_L、C_D 在不同结冰程度下随迎角的数据变化曲线

区的气动特性就不再适用，因此需要将气动特性分为线性阶段和失速阶段分别进行建模，本书采用二维插值表修正系数法对失速区结冰的影响进行建模。依据 NACA 给出的结冰数据，针对结冰对气动导数影响进行标准化处理，以未结冰为基础，得到结冰影响的修正因子。在仿真中，采用二维插值表修正系数法对飞机失速区的升力系数 C_L、阻力系数 C_D 进行数据修正。

标准化后 C_L 的修正系数和 C_D 的修正系数分别如表 2.2 和表 2.3 所示。

表 2.2　升力系数 C_L 失速区插值表修正系数

$\alpha/(°)$	−1	1	3	5	7	9	11	13	15	17	19
未结冰 $\eta = 0$	1	1	1	1	1	1	1	1	1	1	1
结冰 $\eta = 0.2$	1	1	1	0.9959	0.9700	0.9887	0.9592	0.8695	0.6703	—	—
结冰 $\eta = 0.5$	1	1	0.9312	0.9013	0.9469	0.8528	0.7953	0.6541	0.5040	—	—
结冰 $\eta = 1$	1	1	0.7993	0.8061	0.6494	0.6188	0.6883	0.5641	0.4159	—	—

表 2.3　阻力系数 C_D 失速区插值表修正系数

$\alpha/(°)$	1	2	3	4	5	6
未结冰 $\eta = 0$	1	1	1	1	1	1
结冰 $\eta = 0.2$	1.600	1.700	1.800	2.000	2.100	2.200
结冰 $\eta = 0.5$	1.625	1.765	1.944	2.023	2.143	2.273
结冰 $\eta = 1$	1.731	1.867	2.071	2.225	2.256	2.340

在飞机接近失速迎角时，结冰对于飞机俯仰力矩系数的影响也十分复杂，因此在仿真过程中对失速区的俯仰力矩系数也采用二维插值修正系数法，其修正系数如表 2.4 所示。

表 2.4　俯仰力矩对迎角导数失速区插值表修正系数

$\alpha/(°)$	0	6	7	8	9	10	12	16	30
未结冰 $\eta = 0$	1	1	1	1	1	1	0.95	0.85	0.75
结冰 $\eta = 0.2$	1	1	1	1	0.95	0.95	0.75	0.75	0.75
结冰 $\eta = 0.5$	1	1	0.95	0.95	0.85	0.75	0.75	0.75	0.75
结冰 $\eta = 1$	1	0.95	0.95	0.85	0.75	0.75	0.75	0.75	0.75

针对 NACA 23012 翼型在襟翼偏角 0°、马赫数为 0.2 的状态，对其不同结冰

程度下的升力系数和阻力系数进行修正，修正后结果如图 2.5 和图 2.6 所示。

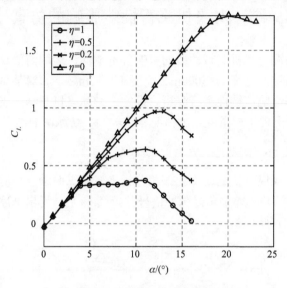

图 2.5　修正后升力系数曲线

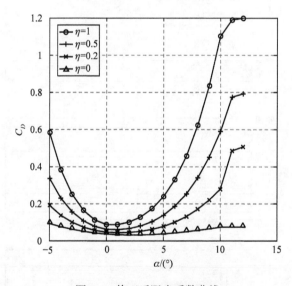

图 2.6　修正后阻力系数曲线

　　飞机的升力系数、阻力系数和俯仰力矩系数在近失速区的结冰影响数据可以参考 NACA 给出的相关数据来进行修正，其影响主要取决于结冰程度和飞机迎角。而对于结冰对飞机其他气动参数和操纵导数在失速区的影响，能查到的公开数据较少，因此此部分数据暂可用式(2.24)进行处理。

2.4　结冰对飞机飞行性能影响的仿真计算

不同结冰情况对飞机飞行性能的影响各不相同，运用前面章节所建立的结冰影响模型，在易结冰高度 H=5000m、速度 V=180m/s 下，对某型飞机结冰前后飞机巡航飞行的操纵响应特性进行分析。设定未结冰飞机与结冰飞机初始状态均为平飞，假设飞机出现了严重的结冰情况，即 $\eta = 1$，结冰影响参考表 2.1 所给数据。

1. 结冰对飞机纵向动态响应特性的影响

首先，通过操纵飞机的升降舵偏角分析飞机的纵向动态响应特性。当飞机飞到 20s 时，给飞机升降舵偏角以脉冲信号并持续 5s 后，得出结冰前后飞机的纵向响应特性如图 2.7 所示。

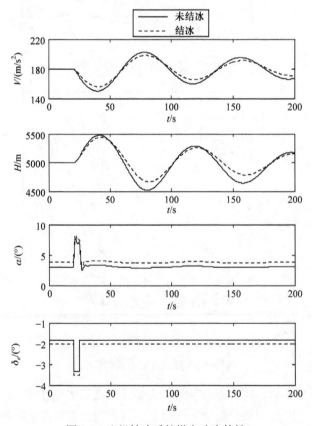

图 2.7　飞机结冰后的纵向响应特性

从图 2.7 中可看出，结冰后飞机保持平飞的配平迎角比未结冰时增大了 0.76°，由于飞机结冰后升力系数减小，要保持平飞就必须增大迎角，所以结冰飞机的升降舵偏角δ_e也要大于未结冰飞机的。以同样的方式对飞机升降舵偏角进行操纵后，对比飞机结冰前后速度和高度的变化，发现相比于未结冰飞机，结冰后飞机这两项纵向动态响应特性都变得比较小，主要原因是飞机结冰后舵面效率有一定程度下降。

2. 结冰对飞机横航向动态响应特性的影响

通过操纵飞机的副翼偏角和方向舵偏角分析飞机结冰后的横航向动态响应特性，同样飞机在结冰前后初始状态均为平飞，为研究飞机结冰前后的横航向动态响应特性变化，20s 时给飞机副翼偏角δ_a以脉冲信号，持续 3s 后，又给副翼偏角以反向脉冲信号直至 26s，然后恢复副翼偏角到原来位置，在 40s 时以同样的方式对方向舵偏角δ_r进行操纵。响应结果如图 2.8 所示。

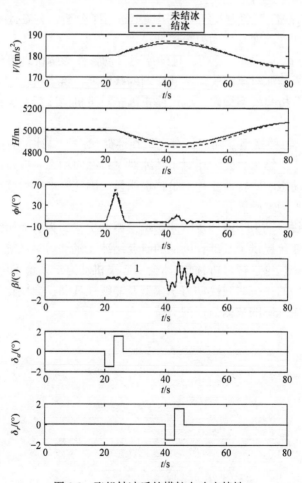

图 2.8　飞机结冰后的横航向响应特性

由图 2.8 可以看出，与未结冰情况相比，操纵副翼后，飞机飞行速度 V 的增加速率和高度 H 的下降速率都有所增大，而侧滑角 β 与滚转角 ϕ 的动态响应结果表明，飞机结冰后其横航向动态响应特性变化不是特别明显。因此，本书后面的部分内容主要以纵向动力学模型为基础研究相关稳定性及稳定域方法的应用。

2.5　本章小结

本章在飞机运动方程和线性气动特性模型的基础上，对飞机非线性气动特性模型和结冰影响模型进了研究，主要工作总结如下。

(1) 简要介绍了飞机的本体动力学模型，并对结冰飞机性能及品质分析常用的小扰动线性模型进行了说明。

(2) 对飞机线性气动力及气动力矩模型进行了分析，并在此基础上构建了本书需要的非线性气动力及气动力矩模型。

(3) 飞机结冰过程极其复杂，且结冰对气动特性影响机理等不是本书研究重点，因此在分析结冰对翼面气动特性影响的基础上，将飞机稳定导数与操纵导数等进行了区别分析与模型构建，应用修正因子对飞机结冰后在失速区的气动特性进行了计算。

(4) 在以上各种模型基础上，对飞机在巡航状态下结冰前后的操纵动态响应进行了简要分析。结果表明，相对于结冰对飞机纵向动态响应特性的影响，飞机结冰后横航向动态响应特性变化不是特别明显。因此，本书后续研究内容主要以纵向动力学模型为基础展开。

本章的非线性动力学模型及结冰影响模型的构建，为后面研究飞机结冰后的非线性稳定域变化提供了基础，以往的研究结冰飞机动力学系统及其稳定性主要是依据线性系统理论进行分析，而结冰会引起飞机动力学系统不可忽略的非线性，因此建立结冰后的飞机非线性动力学模型及非线性气动参数变化模型，可为飞机结冰研究提供更准确的数据与模型支持。

第 3 章　非线性稳定性分析及稳定域求解方法基础理论

结冰将引起飞行性能和飞行品质的整体下降,导致飞机相关系统功能的恶化、失效甚至灾难性事故的发生。结冰安全防护本质上是基于能量系统抑制或消除结冰的形成与发展,或通过有效的飞行操纵与应对以削弱或消除结冰对飞行安全的影响。因此,对结冰条件下安全飞行等边界的准确把握,是建立科学的结冰致灾预防、控制与消除方法和保障飞行安全的基础。

为准确给出飞机在结冰条件下的安全边界范围,本章首先分析传统的安全边界定义,由于以往的单参数边界并不能全面地反映系统的安全范围,尤其是飞机结冰后的多因素非线性耦合导致的飞机安全边界的复杂性,提出用非线性动力学系统的稳定域,即飞机结冰后在某一工作点的抗干扰能力作为飞机结冰后的安全边界,并基于此思路对飞机进行安全性分析,随后为分析结冰飞机横纵向耦合高阶非线性系统的稳定性变化,介绍目前常用的分叉分析方法。

对于飞机稳定域的求解,国内外相关研究较为缺乏,部分文献提出的方法也只是在理论应用层面,文献[130]对飞机稳定域进行了分析求解,采用数值仿真求解飞机系统在不同平衡点处由迎角、侧滑角和偏航角速度组成的稳定域,但这种方法的缺点是需要在平衡点周围进行大量的试探仿真运算来确定系统在某一初始条件下是否失稳,工作量大且效率不高。为高效求出飞机结冰后的高维非线性稳定域,本书应用非线性系统稳定性及稳定域相关理论,分别使用相平面法、Lyapunov 函数法、流形法和正规形法等理论,对结冰飞机高维非线性动力学系统的稳定域进行研究与确定。为了对比分析各种方法的优缺点,本章对这四种方法的理论基础进行分析,为后续章节的研究奠定基础。

3.1　安　全　边　界

飞机结冰后非线性特性明显,导致飞行性能与操稳品质下降,飞行安全区域缩小,导致飞行控制系统抗扰动性能下降,飞机严重结冰情况下,微小的外部扰动或操纵失误都会引起飞机失稳甚至发生飞行事故;传统飞行控制设计以线性化理论为基础,没有考虑由结冰引起的气动参数非线性引起的稳定域或抗干扰问题,所设计的控制律没有解决气动非线性带来的抗干扰能力降低的问题。因此，为保证飞机在结冰后的安全飞行，结冰飞机安全边界必须综合考虑结冰后非线性动力学系统操稳品质和非线性系统稳定域的变化。

3.1.1   基本安全边界

飞机的基本性能主要是指飞机在铅垂面内做定常运动(简称直线运动或定直飞行)的性能，包括最大平飞速度、最小平飞速度、升限或最大允许飞行高度和最小高度等。根据简单推力法确定的飞机基本性能计算结果，常常在高度-速度平面上用最大平飞速度和最小平飞速度随高度的变化曲线给出飞机做等速直线水平飞行的高度-速度范围。飞机的平飞高度-速度范围称为平飞包线[131]，如图 3.1 所示，飞机的基本飞行安全边界可以理解为正常情况下的飞机允许飞行范围，通常就是指飞机平飞包线。此外，从飞机的结构强度角度出发，还有过载-速压包线，主要用于限制飞机的机动量。

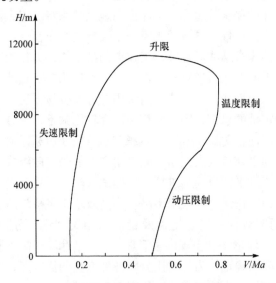

图 3.1   高度-速度飞行包线和限制示意图

(1) 最大平飞速度：由飞机剩余推力、飞机结构强度(动压)、操稳品质决定。通常在低高度飞行时,由飞机结构强度(动压)确定,高空飞行时由操稳品质决定(如方向稳定性丧失的限制)，在总体上还要受到飞机剩余推力的限制。

(2) 最小平飞速度：通常由飞机剩余推力(发动机稳定工作性能限制)、飞机大迎角特性(失速限制)、操稳品质(舵效严重丧失)决定。

(3) 升限或最大允许飞行高度：受到飞机剩余推力、发动机稳定工作性能和操稳品质等的限制。其中，最主要的是飞机剩余推力和发动机稳定工作性能的限制。

(4) 最小高度：通常受地形回避和净空条件的限制。

飞机的平飞包线直观地反映出飞机飞行性能的概貌。它所包围的高度-速度范围越大，飞机所具有的安全性一般也越强。然而，由于受到飞机结构强度、刚度条件、稳定性和操纵性等的影响，仅根据简单推力法确定的平飞包线还不是实际适用的范围。为了实现全飞行包线内的飞行员大幅度无忧虑操纵，根据相关限制又设置了各种边界条件，如速度边界、高度边界、迎角边界、过载边界、发动机起动边界、飞行任务边界、环境条件边界等，这些边界一般情况下可以用飞行状态参数和状态参数的一阶导数(速率)及二阶导数(加速度)来描述，通常是通过限制飞行器飞行过程中这些边界参数的极限值来达到保护飞行安全的目的。

有时针对边界的保护是对某一单参数进行限制保护，有时也会对某些参数组合进行限制和保护研究，如法向过载与滚转速率的组合、迎角与侧滑角的组合等，在某些时候还要考虑各种环境条件边界，如结冰条件等。

3.1.2　稳定边界

传统的飞机边界保护系统有迎角限制器和过载限制器等，一般采用在指令回路中施加限幅器和附加反馈信号来实现。现有的控制律设计方法主要基于小扰动线性化思想，对于结冰带来的非线性，在理论上通常当作不确定量用鲁棒控制或者滑模控制来解决，但目前都难以在工程中应用。传统的单一地选择各种参数边界会由于参数过多和相互之间的耦合而不易一一求出，且单一参数并不能完全表征系统的安全范围，如果将这些参数融合，从而以飞机动力学系统在工作点处的稳定域大小作为一项设计指标来分析飞机在结冰条件下的某飞行状态是否有足够的抗干扰能力，可以更简明、更直观地对结冰后飞机飞行进行安全性分析。因此，可将结冰条件下的稳定安全边界保护归结为对高维性、不确定性、强非线性动力学系统的稳定边界及其临界安全预警的科学问题。

稳定域[132-148]是指在系统状态空间中划定的区域，如果系统受扰后的状态仍处于这个区域内，则系统保持稳定，系统的状态轨迹仍将维持在这个区域内；如果系统所受到的扰动大到使初始状态偏离了这个区域，即扰动后初始状态处于这个区域外部，则系统的状态轨迹将逐渐远离这个区域，系统就进入不稳定的运行状态。对于结冰后飞机系统，系统各状态量(包括飞机的各状态量)处于稳定域内，系统是稳定的，反之系统会失稳。从控制系统的稳定性理论可知，除了广域稳定系统外，其余控制系统都存在有限大小的稳定域，不稳定系统的稳定域则是一个空集，包含了系统的最大稳定域的边界(超)曲面为系统的稳定边界。

　　考虑如式(3.1)所示的一般自治动力学系统:

$$\dot{x} = f(x) \tag{3.1}$$

式中, $x \in D \in \mathbb{R}^n$, D 称为状态空间, 向量场 $f(\cdot)$ 定义在 D 上, 并满足解的存在性与唯一性条件。若 $\bar{x} \in D$, 使 $f(\bar{x}) \neq 0$, 则称 $\bar{x}$ 为自治动力学系统(3.1)的常点; 若 $\hat{x} \in D$, 使 $f(\hat{x}) \neq 0$, 则称 $\hat{x}$ 为自治动力学系统(3.1)的奇点, 在奇点处, 系统运动处于平衡状态, 因此奇点也称平衡点。

　　记 $f(x)$ 在 $\hat{x}$ 处的雅可比矩阵为 $J_f(\hat{x})$, 若雅可比矩阵 $J_f(\hat{x})$ 的特征值实部均不为零, 则称 $\hat{x}$ 为双曲平衡点。若矩阵 $J_f(\hat{x})$ 的特征值实部均小于零, 则称 $\hat{x}$ 为系统(3.1)的稳定平衡点(stable equilibrium point, SEP); 若矩阵 $J_f(\hat{x})$ 有至少一个特征值实部大于零, 则称 $\hat{x}$ 为系统(3.1)的不稳定平衡点(unstable equilibrium point, UEP)。若 $J_f(\hat{x})$ 有一个正实部特征根, 则 $\hat{x}$ 称为 I 型不稳定平衡点, 若 $J_f(\hat{x})$ 有 n 个正实部特征根, 则 $\hat{x}$ 称为 n 型不稳定平衡点。

　　Lyapunov 将 n 维自治动力学系统的稳定性分为稳定、渐近稳定、大范围渐近稳定三种主要形式。设状态空间的原点为受扰动后系统的平衡点, 即有 $f(0) = 0$。如果对任意实数 $\varepsilon > 0$ 及初始时间 t_0, 存在一个实数 $\delta > 0$, 对任何初始状态 $\| X_0 \| < \delta$, 在任何时间 $t > t_0$, 系统的运动均满足 $\| X_t \| < \varepsilon$, 则称此系统是稳定的; 在实际工程中, 最关心的是当 $t \to \infty$ 时系统能否回到平衡点(原点)的稳定性, 即渐近稳定性, 若随着时间 $t \to \infty$, 运动收敛到原点, 则此系统是渐近稳定的; 若系统是渐近稳定的, 且运动起始点可以是状态空间中的任意一点, 则称此系统是大范围渐近稳定的, 或全局稳定的。

　　但是在许多非线性物理系统中, 一般只有当系统的初始状态 X_0 是位于围绕原点的某个区域时, 系统才是渐近稳定的, 这个区域就称为渐近稳定域或有限吸引域。例如, 结冰后飞机系统只有有限的吸引域或者稳定域。

　　定义 3.1[140] 设 x^* 是非线性系统(3.1)的渐近稳定平衡点, 其中, $f : D \to \mathbb{R}^n$ 是局部 Lipschitz 的, 且 $D \in \mathbb{R}^n$ 是包含 x^* 的定义域, x^* 的吸引域或稳定域 R_{x^*} 定义为 $x_0 \in \mathbb{R}^n$, 当 $t \to \infty$ 时满足 $\phi(t, t_0, x_0) \to x^*$ 的所有初始状态 x_0 的集合。若 $x = 0$ 是系统(3.1)的渐近稳定平衡点, $\phi(t, x)$ 是系统(3.1)在 $t = 0$ 时刻始于初始状态的解。那么, 原点的稳定域记为 R_0, 定义为

$$R_0 = \{ x \in D \mid \phi(t, x) \to 0, t \to \infty \} \tag{3.2}$$

　　为了防止飞机结冰后发生危险, 一般会采用两种方法进行结冰后飞机安全保护。一种是避免结冰条件的形成; 另一种是结冰后使飞机在允许范围内飞行[109]。第一种方法主要是采用融冰、除冰等手段使飞机结冰条件弱化甚至是避免结冰, 除冰后, 飞机稳定性及飞行品质还会处于原来的设计状态。现代飞机都为节省每

克重量而努力，第一种方法不仅会增加飞机重量，还会存在除冰不彻底等情况，并且除冰过程中会消耗飞机部分能量，对飞机性能发挥会有一定影响。

第二种方法主要根据飞机飞行性能指标计算飞机在某一结冰条件下的安全边界范围，确保飞机始终在安全边界范围内飞行，进而保证飞机在结冰条件下的安全飞行。第二种方法既可以不增加飞机外带设备，也可以保证飞机在一定程度结冰条件下安全飞行，因此可以作为飞机结冰后保证安全的研究重点。第二种方法所分析的安全边界就是常用的飞机基本安全边界，如果飞机结冰后仍处于基本安全边界范围内，但其抗扰动能力，即稳定域过小，则受到一个较小的扰动飞机不仅超出稳定域边界，而且超出了其基本安全边界，也会导致飞机发生危险。因此，本书提出应用飞机结冰后动力学系统的稳定域边界作为飞机的稳定安全边界来对飞机结冰后飞行状态进行安全性分析，核心内容就是计算分析结冰后飞机非线性动力学系统的稳定性和稳定域。

3.2　稳定性分叉分析方法

一百年前，Lyapunov 在其博士论文《运动稳定性的一般问题》中，首先提出了运动稳定性的一般理论[149,150]，推动了相关学科与稳定性有关领域的巨大发展。在《运动稳定性的一般问题》中，Lyapunov 把常微分方程描述的动力学系统稳定性分析区分为本质上不同的两类方法[151,152]，第一类方法为 Lyapunov 间接法，通过求微分方程的解来判断系统的稳定性，属于小范围稳定性分析方法。第二类方法则是一种定性方法，也称为 Lyapunov 直接法，它无须求解微分方程，而是引入具有广义能量属性的 Lyapunov 函数，分析 Lyapunov 函数的正负号，建立判断系统稳定性的相关结论。

在分析研究非线性动力学系统的过程中，对于简单或非线性较弱的系统，通常可应用 Lyapunov 直接法对系统进行直接的稳定性判断。但要分析飞机的高维耦合系统尤其是结冰后飞机的稳定性，传统分析方法的难度就比较大，现在人们常用分叉分析方法分析飞机高维强非线性系统随某参数变化的稳定性变化情况。分叉分析方法是指通过计算得出系统随着某控制参数的平衡面，并根据所得结果对系统的稳定性进行分析的方法。

含参数的常微分方程系统：

$$\dot{x} = f(x, \mu), \quad x \in \mathbb{R}^n; \mu \in \mathbb{R} \tag{3.3}$$

式中，f 为光滑向量函数；x 为系统状态变量；μ 为控制变量或可称为分叉参数，通过计算不同控制变量 μ 下系统的平衡点，会得出一系列的平衡点，这些平衡点构成平衡面。如果系统在随着控制变量 μ 连续变化的过程中，拓扑结构突然发生变化，则控制变量 μ 经过的这个临界值 μ_0 就称为分叉点[153]。系统出现的这种现象称为分叉。通过分析非线性系统平衡面的变化，可以轻易得出高维非线性系统的动力学特性的变化情况。

分叉问题可分为静态分叉和动态分叉。静态分叉是研究静态方程：

$$\dot{x} = f(x,\mu) = 0, \quad x \in \mathbb{R}^n; \mu \in \mathbb{R} \tag{3.4}$$

方程解的数目随参数 μ 的变动而发生的突然变化。动态分叉则是研究方程(3.3)的拓扑结构随参数 μ 的变动而发生的突然变化。

霍普夫(Hopf)分叉是分叉分析中一类比较简单的动态分叉，却是一类非常重要的分叉。

3.3　稳定域求解方法

动力学系统的稳定域是相对于其稳定平衡状态而言的，稳定域是该稳定平衡状态的抗扰动范围，即系统因扰动而偏离稳定平衡状态，扰动消失后系统仍能返回原稳定平衡状态，所有这样的新状态的集合就构成了该稳定平衡状态的稳定域，因此也常将稳定域称为吸引区。稳定域表征了系统抗扰动能力，是量化系统稳定性的指标。

3.3.1　基于相平面法构造二维稳定域的理论基础

对于实际的物理系统，不存在完全的线性化系统，每个系统都会有或弱或强的非线性。对于非线性较弱的系统，在特定的条件范围下，可将非线性系统进行线性化，以运用成熟的线性系统理论进行分析研究。但对于非线性较强的系统，如结冰后的飞机系统，在较小迎角情况下，可对飞机进行线性分析，但考虑到结冰会加剧飞机本身的非线性，应当运用合适的非线性系统理论进行研究，才可得到期望的结论。其中，相平面法作为研究非线性系统的常用方法之一，可以快速、准确、高效地对非线性系统进行研究。

相平面法由 Poincare 在 1885 年首先提出，二元一阶微分方程组 $\dot{x} = f(x,y)$、$\dot{y} = g(x,y)$ 的状态变量 x、y 称为相变量，其状态平面称为相平面。方程的解 $x = x(t)$、$y = y(t)$ 在状态平面 (x,y) 可以表示成以时间 t 为参变量的曲线，称为相轨迹[154]。从相平面上所有点出发的相轨迹的定性图称为相图。按给定的 f、g 在相平面上画出的相轨迹或相图，以获得二元一阶微分方程组的稳定性质，这样的方法称为相平面法。

相图可形象地表示解轨线在相平面的运动趋势[155]，通过图解法将一阶和二阶系统的运动过程转化为平面上的相轨迹，可很容易地看出初始条件及参数对系统运动的影响及系统在各区间的运动特性，且系统稳定性可根据相平面上轨线的方向场变化得出，这些都是相平面法的显著优点。

相轨迹的绘制步骤简单，计算量小，特别适合分析常见的一阶非线性系统和二阶非线性系统。基于 MATLAB/Simulink 的相平面法可实现相图的精确自动绘制，通过分析相图能够非常容易地分析出非线性系统参数对系统相关特性的影响。相平面法不需要对系统进行复杂的简化过程，就能够对包含非线性环节的二阶系统进行建模分析，通过模型就可完成对相图的自动绘制[156]。因此本书选用相平面法对结冰飞机纵向二维系统进行稳定性分析和稳定域求解。

相平面图就是系统解方程给出的一组解曲线，相图形状和系统的平衡点类型及其相互位置有关[157,158]，奇点是绘制相轨迹的关键，因为奇点不仅提供了其位置信息，而且根据奇点的类型就可以知道奇点附近的相轨迹形态。奇点类型可分为中心、鞍点、稳定焦点、不稳定焦点、稳定节点和不稳定节点等，根据特征根形式可判断平衡点的类型。

非线性系统的稳定域边界可以用系统的不变稳定流形来定义，由非线性动力系统稳定域和稳定边界拓扑理论可知，受扰后非线性系统的稳定域边界是系统稳定边界上不稳定平衡点的稳定流形的并集构成[159]。下面以无阻尼单摆系统的相平面图为例对系统稳定域进行说明，如图 3.2 所示。

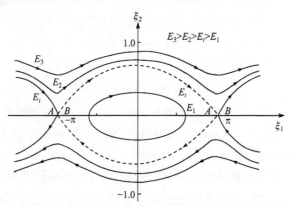

图 3.2　无阻尼单摆系统在相平面内的相轨迹

在不稳定平衡点$(\pi, 0)$和$(-\pi, 0)$处，对应的四条相轨迹是系统的不变稳定流形(虚线)，构成了无阻尼单摆系统在平衡点$(0, 0)$周围的稳定边界。不变稳定流形上的机械能为不稳定平衡点上的势能(该点上动能为零)，是系统的临界稳定能量(E_i)，图 3.2 中稳定边界内的机械能小于E_i，系统状态是稳定的，稳定边界之外的状态对应的机械能(E_2, E_3)均大于E_i，系统是不稳定的。因此，可利用结冰后纵向二维非线性系统的不稳定平衡点附近的相轨迹刻画出结冰后飞机的纵向稳定域边界。

3.3.2　基于 Lyapunov 函数求解非线性系统稳定域的理论基础

传统分析稳定域的 Lyapunov 函数方法，主要基于 LaSalle 对 Lyapunov 理论的推广[160]，其广泛应用于非线性系统的稳定域求解中。Tan 等、Topcu 等、Papachristodoulou 等应用 Lyapunov 理论发展了平方和(sum of squares, SOS)方法[161-163]，并用该方法求解了非线性系统的稳定域，并通过数值方法验证了所求稳定域的准确性；Chesi 等提出了一种利用 Lyapunov 函数方法估计非多项式系统的稳定域，该种方法通过选择一种多项式形式的 Lyapunov 备选函数[164,165]。在飞机系统中主要是应用 Lyapunov 函数分析飞机运动状态的稳定性，对飞机动力学系统的稳定域求解应用较少。邹毅等在 2006 年定性分析了飞机纵向俯仰运动的动力学特性，提出了飞机动力学系统的稳定性理论判据[166]，但未针对具体飞机的系统稳定性进行计算，也未求解动力学系统的稳定域。

基于 Lyapunov 函数分析稳定性的理论依据为 Lyapunov 定理，可表述为定理 3.1 的形式。

定理 3.1　设 $x = 0$ 是系统 $\dot{x} = f(x)$ 的一个平衡点，$D \subset \mathbb{R}^n$ 是包含 $x = 0$ 的定义域。设 $V: D \to \mathbb{R}$ 是连续可微函数，如果

$$V(0) = 0, \quad V(x) > 0, \quad V(x) \in D - \{0\}$$
$$\dot{V}(x) \leqslant 0, \quad \dot{V}(x) \in D \tag{3.5}$$

那么，原点 $x = 0$ 是稳定的。如果

$$\dot{V}(x) < 0, \quad \dot{V}(x) \in D - \{0\} \tag{3.6}$$

那么，原点 $x = 0$ 是渐近稳定的。满足式(3.5)和式(3.6)的连续可微函数 $V(x)$ 称为 Lyapunov 函数。基于 Lyapunov 函数的稳定域分析方法主要涉及两方面的内容，即 Lyapunov 函数的构造和紧集 Ω_c 的确定。

由定理 3.1 可知，如果在 D 上存在一个满足渐近稳定性条件的 Lyapunov 函数 $V(x)$，并且如果 $\Omega_c = \left\{ x \in \mathbb{R}^n \mid V(x) \leqslant c \right\}$ 有界且包含于 D 内，那么每一条始于 Ω_c 内的轨线都保持在 Ω_c 内，且当 $t \to \infty$ 时趋近于原点。因此，Ω_c 可以作为稳定域的一个估计值。

记闭环系统在平衡点处的线性化矩阵为 A，即

$$A = \left. \frac{\mathrm{d} f_{cl}(x)}{\mathrm{d} x} \right|_{x = \mathrm{EP}} \tag{3.7}$$

设计 Lyapunov 函数如式(3.8)所示：

$$V(x) = x^{\mathrm{T}} P x \tag{3.8}$$

式中，P 为正定矩阵。则有式(3.9)：

$$
\begin{aligned}
\dot{V}(x) &= \frac{\mathrm{d}x^{\mathrm{T}}}{\mathrm{d}x} \dot{x}^{\mathrm{T}} P x + x^{\mathrm{T}} \frac{\mathrm{d}(Px)}{\mathrm{d}x} \dot{x} \\
&= \dot{x}^{\mathrm{T}} P x + x^{\mathrm{T}} P \dot{x} \\
&= x^{\mathrm{T}} (A^{\mathrm{T}} P + P A) x
\end{aligned}
\tag{3.9}
$$

因此，只要二次型 $x^{\mathrm{T}}(A^{\mathrm{T}} P + P A)x$ 负定，则在平衡点 EP 附近系统就是稳定的，即有 Lyapunov 不等式：

$$A^{\mathrm{T}} P + P A < 0 \tag{3.10}$$

不妨令

$$A^{\mathrm{T}} P + P A + I = 0 \tag{3.11}$$

式中，I 为与 A 同维的恒等矩阵。

只要 A 是 Hurwitz 的，求解方程(3.11)即可获得 Lyapunov 函数。随后需要解决的是确定 Lyapunov 函数的临界函数值 c，以便求取紧集 Ω_c。根据相关文献可知，临界函数值 c 是判断 Lyapunov 函数所构造稳定域范围保守性的关键参数，常用的 Lyapunov 函数方法利用构造的函数以保证求解的稳定域在不冒进的前提下尽可能达到最大，如迭代法[167]等。因此，本书在应用 Lyapunov 函数所构造结冰飞机稳定域的过程中，c 值如何取才能保证构造的稳定域尽可能大，是需要结合研究内容重点分析的问题。

3.3.3　基于稳定流形构造高维非线性系统稳定域边界的理论基础

研究结冰飞机的稳定域边界有助于整体把握系统的动力学特性，目前大部分稳定域求解方法通常在二维系统中应用较多。前面提到，相平面法适合分析常见的一阶非线性系统和二阶非线性系统，有文献基于 Lyapunov 函数的稳定域研究三维洛仑兹系统的稳定边界问题，但其难以有效处理高维、耦合的复杂非线性系统。例如，结冰导致的飞机强非线性及纵向横航向耦合，且 Lyapunov 函数的稳定域分析方法对于维数等于或大于 3 的非线性系统稳定边界的精确确定仍然是很困难的，因此通过基于试探仿真的方法来确定平衡点吸引区域的范围成为一种选择。但这种方法的缺点是需要在平衡点周围进行大量的仿真运算来确定系统在某一初始条件下是否失稳，工作量大且效率不高。

参考相关文献发现，在其他学科，基于稳定流形的稳定域分析方法能准确地刻画出非线性动力学系统的动态稳定边界，进而可以方便地研究系统稳定边界上可能存在的复杂动力学特性。例如，国内外研究学者已经将微分流形法应用于高维电力系统的稳定域估计中[168]，该方法通过以稳定平衡点稳定边界上的不稳定平衡点的稳定流形作为系统稳定域边界[169]，确定的稳定域具有较高精度。Reddy 等将微分流形法与能量函数方法进行结合[170,171]，提高了能量函数方法确定的吸引区的精度。Alberto 等分析了非线性微分系统的稳定域拓扑结构的特点[172]。Chiang 等将微分流形法进行了深入系统的研究，确定了微分流形法估计非线性系统稳定域的基本流程及该方法的适用条件等[173-176]。

非线性动力学系统的动力学特性是由其极限集决定的，动力学行为较复杂的系统往往具有复杂的极限集结构。系统的稳定域边界与其极限集结构密切相关。动力学系统的长时间行为可以用 ω 极限集和 α 极限集来加以描述。状态点 x 的 ω 极限集 $\omega(x)$ 定义为

$$\omega(x) = \{y \mid y = \lim_{t \to \infty} \Phi(t, x)\} \tag{3.12}$$

式中，$\Phi(t, x)$ 为系统(3.1)始于状态点 x 的解。状态点 x 的 α 极限集 $\alpha(x)$ 定义为

$$\alpha(x) = \{y \mid y = \lim_{t \to -\infty} \Phi(t, x)\} \tag{3.13}$$

ω 极限集和 α 极限集是 D 的不变子集。

设 $f(x)$ 在 $\hat{x}$ 处的雅可比矩阵 $J_f(\hat{x})$ 恰有 n_s 个特征值实部小于零，n_u 个特征值实部大于零，且 $n_s + n_u = n$，则有 $\dim(W^s(\hat{x})) = n_s$、$\dim(W^u(\hat{x})) = n_u$。双曲平衡点 $\hat{x}$ 的稳定流形 $W^s(\hat{x})$ 和不稳定流形 $W^u(\hat{x})$ 定义为

$$\begin{cases} W^s(\hat{x}) = \{x \mid \lim_{t \to \infty} \Phi_t(t, x) = \hat{x}\} \\ W^u(\hat{x}) = \{x \mid \lim_{t \to -\infty} \Phi_t(t, x) = \hat{x}\} \end{cases} \tag{3.14}$$

由雅可比矩阵 $J_f(\hat{x})$ 的稳定特征值(实部小于零)对应的特征向量 $(v_1, v_2, \cdots, v_{n_s})$ 张成的子空间称为 $\hat{x}$ 的稳定特征子空间，记为 $E^s(\hat{x})$，由雅可比矩阵 $J_f(\hat{x})$ 的不稳定特征值(实部小于零)所对应的特征向量 $(w_1, w_2, \cdots, w_{n_s})$ 张成的子空间称为 $\hat{x}$ 的不稳定特征子空间，记为 $E^u(\hat{x})$。

$$\begin{cases} E^s(\hat{x}) = \text{span}\{v_1, v_2, \cdots, v_{n_s}\} \\ E^u(\hat{x}) = \text{span}\{w_1, w_2, \cdots, w_{n_s}\} \end{cases} \tag{3.15}$$

在 $\hat{x}$ 处，$\hat{x}$ 的(不)稳定流形与 $\hat{x}$ 的(不)稳定特征子空间相切。对于双曲平衡点 $\hat{x}$，切空间 $T_{\hat{x}}(D)$ 可唯一地分解为 $E^s(\hat{x})$ 与 $E^u(\hat{x})$ 的直和。

若 x_s 是系统(3.1)的稳定平衡点，则 x_s 的稳定域 $A(x_s)$ 可定义为 $W^s(x_s)$ 的集合，即

$$A(x_s) = \bigcup W^s(x_s), \quad W^s(x_s) = \{x \mid \lim_{t\to\infty} \varPhi_t(t,x) = x_s\} \tag{3.16}$$

从拓扑的角度看，稳定域 $A(x_s)$ 是一个开连通不变集，其边界称为 x_s 的稳定边界，记为 $\partial A(x_s)$，稳定域边界是一个 $n-1$ 维的闭不变集。

根据非线性动力学系统拓扑理论——非线性系统的稳定边界由该稳定边界上所有不稳定平衡点的稳定流形的并集构成，可得出如下定理。

定理 3.2　对于系统(3.1)，$\tilde{x}$ 是稳定平衡点 x_s 的稳定边界 $\partial A(x_s)$ 上的一个不稳定平衡点，则必有 $W^u(\tilde{x}) \bigcap \partial A(x_s) \neq \varnothing$，$W^s(\tilde{x}) \subseteq \partial A(x_s)$ [176-178]。

定理 3.3　设 $x_i(i=1,2,\cdots)$ 是稳定平衡点 x_s 的稳定边界 $\partial A(x_s)$ 上的不稳定平衡点，则

$$\partial A(x_s) = \bigcup_{x_i \in E \bigcap \partial A} W^s(x_i) \tag{3.17}$$

式中，E 为所有不稳定平衡点的集合[176-178]。

定理 3.2 表明，边界上的平衡点是不稳定平衡点，并且，只要能在 $W^u(x_s)$ 中找到一条收敛于 x_s 的轨线，即可判定 $\tilde{x}$ 位于 x_s 稳定域的边界上。定理 3.3 表明，x_s 的稳定边界是由位于 x_s 稳定边界上不稳定平衡点 x_i 稳定流形的并集构成，找到稳定平衡点边界上的所有不稳定平衡点后，可根据定理 3.3 构造稳定域边界。

3.3.4　基于正规形法求解非线性系统稳定域边界的理论基础

飞机是一个典型的复杂非线性系统，结冰会导致飞机动力学系统非线性的进一步增加，要有效分析结冰飞机非线性动力学系统的稳定性，就需要寻求一种既能考虑系统非线性特性，又能反映系统动态稳定问题实质的分析方法。正规形 (normal form，NF) 法是由法国数学家 Poincare 提出的，其基本思想是：将线性系统的概念和方法扩展应用到非线性系统中，通过非线性向量场的两次变换，使系统以最简单的形式表示，即把原非线性向量场变为线性、解耦的系统，以便于问题的研究[179]。

正规形法基于泰勒级数展开，应用正规形理论实现对动力学系统的非线性微分代数方程在运行点的高阶近似，通俗地说，就是对于一个给定的非线性系统(3.1)，可寻找一种坐标变换，使原始系统与一个线性系统二阶或更高阶等价，因此正规形法能计及系统状态方程非线性高阶项的影响[179]。目前，该方法已经在非线性系统、分叉理论等领域的研究中得到广泛应用，尤其是在高维复杂非线性电力系统的分析研究中应用较多[180-187]。

基于正规形法的稳定域求解方法以流形理论估计稳定域方法为基础，通过多

项式形式的非线性映射实现复杂非线性系统向简单线性系统的变换，并结合线性系统流形的空间拓扑结构特点给出原非线性系统稳定边界的一种近似估计，且该近似边界具有多项式形式的解析表达式。

非线性映射的理论依据定理如下。

定理 3.4(Poincare 定理)[185]　若非线性系统(3.1)在某不动点处无零特征根且特征根不发生谐振，则非线性系统微分方程组通过变换，可在该不动点的邻域简化为常微分方程组。

关于特征根的谐振可参考定义 3.2。

定义 3.2[180]　对于矩阵 A 的特征根 $\lambda=(\lambda_1,\lambda_2,\cdots,\lambda_n)$，若存在正整数序列 $m=(m_1,m_2,\cdots,m_n)$，使 $\lambda_s=\sum_{i=1}^{n}m_i\lambda_i(m_i>0,\lambda_s\in(\lambda_1,\lambda_2,\cdots,\lambda_n))$，则称矩阵 A 发生了谐振。若 λ 不是小于等于 k 阶谐振的，则称 λ 为 k 阶非谐振的；若 λ 不是任意阶谐振的，则称 λ 为非谐振的。

对定理 3.4 进行简要说明：将非线性系统(3.1)进行泰勒展开，可写为如下的非线性微分方程组：

$$\dot{x}=Ax+X(x),\quad X(x)=\sum_{k=2}^{\infty}f_k(x),\quad x\in\mathbb{R}^n \tag{3.18}$$

式中，A 为 $\mathbb{R}$ 上的 $n\times n$ 矩阵；$f_k(x)\in H_n^k$，H_n^k 表示 $\mathbb{R}$ 上 n 元 n 维 k 次齐次向量多项式所构成的空间。经过式(3.19)变换：

$$x=y+h(y),\quad h=\sum_{k=2}^{\infty}h^k,\quad h^k\in H_n^k \tag{3.19}$$

可变换为方程：

$$\dot{y}=Ay+Y(y),\quad Y(y)=\sum_{k=2}^{\infty}Y^k,\quad Y^k\in H_n^k f_k(x) \tag{3.20}$$

h、Y 应满足

$$\frac{\partial h}{\partial y}=Ay-Ah=X(y+h)-\frac{\partial h}{\partial y}Y-Y \tag{3.21}$$

式(3.20)称为正规形，式(3.19)所定义变换为正规形变换。

特别地，令式(3.21)中的 $Y(y)=0$，经过满足式(3.22)的变换，式(3.18)可变换为式(3.23)所描述的线性系统：

$$\frac{\partial h}{\partial y}=Ay-Ah=X(y+h) \tag{3.22}$$

$$\dot{y}=Ay \tag{3.23}$$

由上述分析可知，非线性系统(3.1)在双曲平衡点处的特征根未发生谐振，则系统在此点处的局部稳定流形通过特定的非线性映射，可变化为线性系统的稳定子空间，稳定子空间与稳定流形的维数相同且相切于此双曲平衡点。所以，求解非线性系统的局部稳定流形问题通过非线性变化可转化为求解线性系统的稳定子空间问题。

映射的几何机理[185]为：对非线性系统(3.1)在其不稳定平衡点处作超切平面(图 3.3(a))，并对系统(3.1)进行坐标旋转，使得所作超切平面与变化后的线性系统某坐标平面平行(图 3.3(b))，在不稳定平衡点处的邻域，进行非线性映射，将局部不变稳定流形的二阶部分零化，消除凹凸不平，使得局部不变稳定流形映射为此超切平面，结果如图 3.3(c)、图 3.3(d)所示。

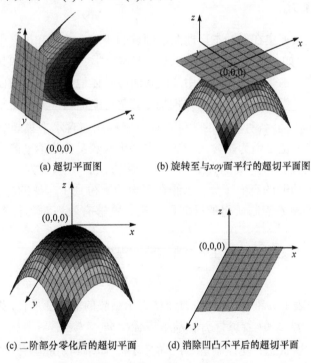

(a) 超切平面图　　　　　　(b) 旋转至与 xoy 面平行的超切平面图

(c) 二阶部分零化后的超切平面　　(d) 消除凹凸不平后的超切平面

图 3.3　非线性映射几何机理

3.4　可达集理论基础及计算方法

水平集是可以求解动态隐式曲面演变的数值计算方法，是一种计算偏微分方程的数值算法，其核心思想是将移动变化的曲线作为零水平集嵌入更高一维度的函数中，由封闭超曲面的演化描述曲线的演化，进而解决复杂界面模拟问题[188]。

系统安全状态范围的确定方法多种多样，其中一种确定方法就是将安全状态的范围看作可达集问题并且用水平集和哈密尔顿方程来解决。

可达集是由水平集函数描述的状态轨迹的集合，可以被转化为求解哈密顿-雅可比方程的终值问题。可达集方法最初用于研究变化的流体外形，近年来利用可达集方法开展飞行安全分析的方法得到了一定的应用，文献[188]以飞机的斤斗动作为研究对象分析了飞机机动过程中的可达集包线，文献[189]利用水平集方法对飞机的自动着陆过程进行了安全性分析，文献[190]将可达集方法用于损伤飞机的安全集计算，并通过可达集实现实时在线的飞行包线计算，分析了不同模式下状态参数的约束条件及其对应的可达集。

3.4.1　可达集方法

近年来，水平集在对动态运动曲面领域的跟踪、建模和仿真中出现和运用的较多[191-193]，例如，在绘图、图像处理，流体力学、材料科学和其他很多领域都有较多的应用。水平集并不是运用线或者面去具体地描述运动曲面的边界，而是使用了一个水平集函数 $\phi(x)$ 去隐含地描述边界。曲面边界是零子集或者零水平集 $\{x \in \mathbb{R}^d \mid \phi(x) = 0\}$。各种类型的运动曲面都能够用包含水平集函数 $\phi(x)$ 的偏微分方程表示出来，正是因为隐含式表达，水平集函数又称为运动隐含边界[192]。

用水平集计算可达集的方法称为可达集方法，可达集方法作为分析系统特性和验证系统功能的有效工具，已经在工程领域得到了广泛的应用[194-196]。根据目标集状态和输入控制所得的反向可达集，能够有效地对飞行系统的安全性进行验证。

一般自治系统的动态特性可用常微分方程描述：

$$\dot{x} = f(x,t,u) \tag{3.24}$$

式中，$x \in \mathbb{R}^n$ 表示 n 维状态变量；$u \in U$ 表示系统的输入变量；t 为时间，向量场 $f : \mathbb{R}^n \times [0,T] \times U \to \mathbb{R}^n$ 有界且为 Lipschitz 连续的。

系统的初始状态，受控制量 $u \in U$ 的作用，如果满足能够在一定时间 $t \in [0,\tau]$ 内到达目标集的条件，这些所有初始状态的集合就是反向可达集[192]。

在分析系统方程时，由上述目标集的说明可知，可达集内的状态都能够在控制下经过给定时间后进入目标集，而可达集外的状态无论经过什么控制，都不能在给定时间内进入目标集。目标集和可达集的关系如图 3.4 所示。B 点和 C 点都是可达集内的状态点，在控制量作用下，经过一定时间最终会进入目标集并停留，而可达集外的状态点 A 无论在什么样的控制作用下都无法进入目标集。

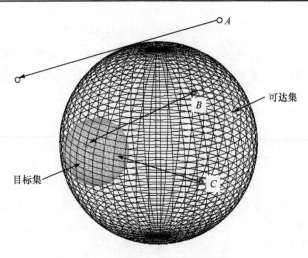

图 3.4　目标集与可达集的关系

对于式(3.24)所示的系统，可达集 $P_\tau(G_0) \in \mathbb{R}^n$ 表示系统在可控输入 $u \in U$ 下进入目标集 $G_0 \in \mathbb{R}^n$ 状态的集合，这些状态的集合是由状态点和轨线构成的，所有满足条件的状态点都能够在给定的时间 $t \in [0,\tau]$ 条件下进入目标集 $G_0 \in \mathbb{R}^n$。目标集 $G_0 \in \mathbb{R}^n$ 往往是满足系统最终要求的安全状态。

目前，相关的水平集算法应用于可达集的计算，较广泛地应用于基于时间的哈密顿-雅可比偏微分方程。基于时间的哈密顿-雅可比偏微分方程计算可达集边界的方程可以表示为以下形式：

$$\frac{\partial \phi(x,t)}{\partial t} + \min\{0, H(x,p)\} = 0 , \quad \phi(x,T) = C \tag{3.25}$$

式中，

$$H(x,p) = \sup_{u \in U} p^{\mathrm{T}} f(x,u) \tag{3.26}$$

并且

$$p = \frac{\partial \phi(x,t)}{\partial x} = \nabla \phi(x) \tag{3.27}$$

它是一个边界条件在时间 T 中被给出的终值问题，对于状态空间内给定的一个点，x 和 p 都是确定的，因此 $H(x,p,u) \in \mathbb{R}^m$ 是有极值的。那么 $H(x,p) \in \mathbb{R}^1$ 是最优的哈密顿值，它表示在容许的控制量 $u=U$ 范围内 $H(x,p,u)$ 的最大值。在可达集边界 ∂S 上，最优哈密顿函数值为零，并且其运动轨迹与可达集是相切的。因此，这种情况下需要利用式(3.26)最优控制保证运动轨迹不会离开安全范围集合 C，例如：

$$C = \{x \in \mathbb{R}^n \mid \phi(x,t) \geqslant 0\} \tag{3.28}$$

多数的数值计算方法被设计成解决初值问题而不是终值问题，因此可以通过一个简单的运算，使之转换为初值问题。这样式(3.25)可以换算为

$$\frac{\partial \phi(x,\tau)}{\partial \tau} = \min\{0, H(x,p)\}, \quad \phi(x,0) = C \tag{3.29}$$

这是一个右终值的不连续偏微分方程。在这种形式下，可以明显地看出最小值函数导致的不连续限制了值的增大，因此可达集边界，也就是隐函数的零水平集不再增大，只能收缩。这说明如果集合 C 中所有状态都是安全的，明显可以得到 $S=C$。另外，假如控制参数对系统造成的响应是敏感的，而系统的机动性较弱，可达集就会收缩[197]。

要想得到最优哈密顿值，对输入值的要求是

$$u^*(x,p) = \arg\max \ p^{\mathrm{T}} f(x,t,u) \tag{3.30}$$

对于维数大于 2 的实际系统，使用一般的方法得到式(3.24)的解析解几乎是不可能的，而可达集方法可以解决这一问题。

用可达集方法求解式(3.25)代表的终值问题可以得到结果 $\{x_i, \hat{\phi}_i(x_i)\}$，其中，$x_i$ 表示一个 n 维状态空间网格内不连续的点，$\hat{\phi}_i(x_i)$ 表示 $\phi(x)$ 的精确解的近似值。这种解法有一个比较明显的局限性：当维度较高，并且每一维上的数值点取得较多时，将会出现数据量爆炸性增加的情形。例如，五维空间，每一维上取 100 个数据点，那么 $\hat{\phi}_i(x_i)$ 将会包含 10^{10} 个元素，占据的存储空间将会非常大。因此，取数据点时，应该适当取值[198]。

3.4.2　正、反向可达集

从目标集出发考虑的可达集方法为系统控制的研究提供了很好的思路，它能够很清晰地将系统状态所处的安全状态范围进行展示，从而提供简单的方法判断系统的可靠性。目标集一般选择安全的、可控的状态集合，它是一个最优的状态集合。反向可达集是可以到达目标集的状态的集合，满足反向可达集要求的状态存在某个或者某些输入可以在给定时间范围内使之到达目标集。反向可达集又可以视为状态可救的包线，这是因为系统遇到损伤或者扰动，如果状态偏移至反向可达集包含的范围内，系统状态可以通过正确控制回到目标集状态[199]。

正向可达集是指从目标集出发可以到达的状态的集合。反向可达集与正向可达集的交集定义为安全操纵包线，又称安全操纵集。

安全操纵包线内，在任何操作输入下，系统的状态都能够处于安全状态，可以回到最优安全状态范围——目标集的范围内。

　　目标集、反向可达集与正向可达集的界定与区别可以通过图 3.5 来判断。图 3.5 中包含白色区域的椭圆表示反向可达集，包含黑色区域的椭圆代表正向可达集，斜线填充的圆代表目标集，灰色部分为正向可达集与反向可达集的交集，即安全操纵集。目标集是初始的状态集合，在确定目标集时往往将安全范围内的初始状态作为目标集。正向可达集与反向可达集由于都是由从目标集出发的轨线组成，所以它们会有交集，在交集内的状态既具有反向可达集的特性，又具有正向可达集的特性。

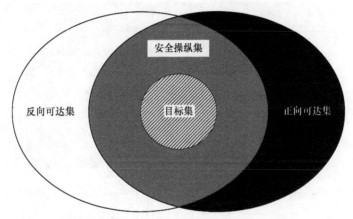

图 3.5　正、反向可达集与安全操纵集示意图

3.4.3　可控不变集与不变集

　　考虑时间连续的可控系统：

$$\dot{x} = f(x,u) \tag{3.31}$$

式中，x 为状态变量；u 为输入变量。该系统在任意的时间 $T \geqslant 0$ 内运行，将 $\phi(\tau,t,x,u)$ 定义为状态的运动轨迹，假设 K 为一个给定的状态集合，通过以下描述可以定义不同的概念[199]：

　　(1) 可控不变集；

　　(2) 不变集；

　　(3) 可达集。

　　将以上三种集合概念通过公式进行描述为

$$V(t,K) = \{x \in \mathbb{R}^n \mid \exists u \in U_{[t,T]}, \forall \tau \in [t,T], \phi(\tau,t,x,u(\cdot)) \in K\} \tag{3.32}$$

$$I(t,K) = \{x \in \mathbb{R}^n \mid \forall u \in U_{[t,T]}, \forall \tau \in [t,T], \phi(\tau,t,x,u(\cdot)) \in K\} \tag{3.33}$$

$$R(t,K) = \{x \in \mathbb{R}^n \mid \exists u \in U_{[t,T]}, \exists \tau \in [t,T], \phi(\tau,t,x,u(\cdot)) \in K\} \tag{3.34}$$

通过对三种集合的对比描述，可以发现，不同集合之间存在包含关系，包含关系可以描述为

$$I(t,K) \subset V(t,K) \subset R(t,K) \tag{3.35}$$

可达集、不变集、最大可控不变集与目标集的示意及各集合中状态点的特性示意如图 3.6 所示。

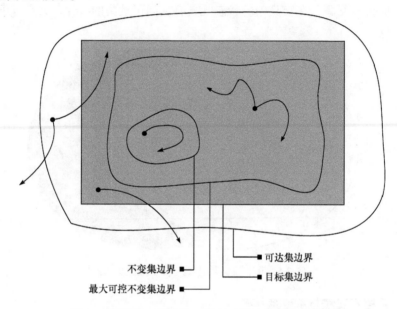

不变集边界 ■
最大可控不变集边界 ■
可达集边界 ■
目标集边界 ■

图 3.6　可达集、不变集、最大可控不变集与目标集

图 3.6 中反向可达集内的状态轨迹在控制输入的作用下可以进入目标集，也可以不进入目标集。目标集内的状态轨迹可能会偏移出目标集，这与正向可达集的性质是一致的。最大可控不变集内的状态在适当的控制下会始终在最大可控不变集内移动。而不变集内的状态在任意控制下在任意时间范围内始终位于不变集内。

以上集合可以用最优问题的解法来解决，首先建立可控不变集与最小值最优控制问题之间的联系。假设集合 K 与连续函数的零水平集相关：$K = \{x \in \mathbb{R}^n \mid l(x) > 0\}$，其可用式(3.36)描述为

$$V(t,K) = \{x \in \mathbb{R}^n \mid V_1(x,t) = \sup_{u \in U_{[t,T]}} \min_{\tau \in [t,T]} l(\phi(\tau,t,x,u(\cdot))) > 0\} \tag{3.36}$$

而关于不变集与 infmin 最优问题的联系能够通过一个闭集 L 建立起来。这种联系能够通过连续函数的水平集表述 $L = \{x \in \mathbb{R}^n \mid l(x) \geqslant 0\}$，完整的公式描述为

$$I(t,L)=\{x\in\mathbb{R}^n\,|\,V_2(x,t)=\inf_{u\in U_{[t,T]}}\min_{\tau\in[t,T]}l(\phi(\tau,t,x,u(\cdot)))\geqslant 0\} \qquad (3.37)$$

以上的最优问题可以转换为哈密顿-雅可比-贝尔曼偏微分方程。可控不变集可以写为以下形式：

$$\frac{\partial V_1}{\partial t}(x,t)+\min_{\tau\in[t,T]}\left\{\sup_{u\in U_{[t,T]}}\frac{\partial V_1}{\partial t}(x,t)f(x,u)\right\}=0 \qquad (3.38)$$

类似地，不变集用哈密顿-雅可比-贝尔曼偏微分方程可表示为

$$\frac{\partial V_2}{\partial t}(x,t)+\min_{\tau\in[t,T]}\left\{\inf_{u\in U_{[t,T]}}\frac{\partial V_2}{\partial t}(x,t)f(x,u)\right\}=0 \qquad (3.39)$$

哈密顿-雅可比-贝尔曼偏微分方程使用水平集的方法进行求解。关于水平集方法的使用前面已经进行了详细的介绍，本章的水平集求解方法与前面的方法相同。

图 3.7 是对微分方程求解可达集的流程图。

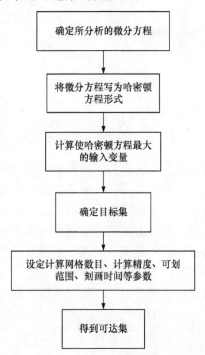

图 3.7　对微分方程求解可达集的流程图

使用可达集方法的具体步骤如下：

(1) 确定所分析的微分方程，微分方程一般描述的是一个自治的动力学模型；

(2) 根据状态量的性质与输入控制的作用确定哈密顿方程；

(3) 确定使哈密顿方程得到最大值的最优输入；

(4) 根据实际情况确定目标集的范围，设定计算网格数目、计算精度、可划范围、刻画时间等参数，最终计算得到所需要的可达集结果。

3.4.4　可达集算例——飞行器追击比赛

本节叙述一个可达集的经典算例，这个算例具体介绍两架飞机的追击与躲避的过程，其过程示意图如图 3.8 所示。

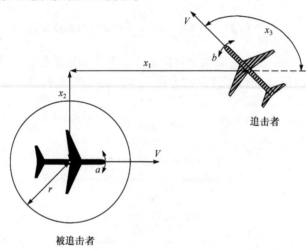

图 3.8　飞行器追击比赛示意图

追击者与被追击者选择为飞机，当然两者也可以被定义为汽车或者其他移动物体等。假设两架飞机在同一高度飞行，两者的变化量是平面内的位置参数和航行方向与速度，假设每架飞机的速度大小是不变的，而角速度的大小是可以调整的。其中，追击者的目的是追赶上被追击者将其击落，被追击者的目的是躲避追击者的追赶与击落。击落的发生定义为两架飞机的质心距离小于 r，即击落发生的依据仅由两架飞机在平面内的直线距离决定。

通过描述，可以将该系统的动力学方程写为如下形式：

$$\dot{x}=\frac{\mathrm{d}}{\mathrm{d}t}\begin{bmatrix} x_1 \\ x_2 \\ x_3 \end{bmatrix}=\begin{bmatrix} -V_a+V_b\cos x_3+ax_2 \\ V_b\sin x_3-ax_1 \\ b-a \end{bmatrix}=f(x,a,b) \tag{3.40}$$

式中，x_1 为两者的横向距离；x_2 为两者的纵向距离；x_3 为追击者相对于初始状态偏转的角度；V_a 为被追击者的速度，它是一个标量，并且是一个定值；V_b 为追击者的速度，同样为定值标量；a 为被追击者的角速度，a 是一个控制输入量，其作用是躲避追击；b 是追击者的角速度，其作用是极力使碰撞成功，击落被追击者。

假设以上数值中，$V_a > 0$、$V_b > 0$、$a \in [-a_{\max}, a_{\max}]$、$a_{\max} > 0$、$b \in [-b_{\max}, b_{\max}]$、$b_{\max} > 0$。可以看出，如果 $V_a = V_b$、$a = b$，那么两架飞机具有相同的性能。本算例中假设两架飞机的性能是一样的，并且 $V_a = V_b = 5$，$a_{\max} = b_{\max} = 1$。

基于可达集方法，算例中的目标集应该为状态量 (x_1, x_2, x_3) 组成的一个几何体，具体到本算例，目标集为底面圆在 $x_1 o x_2$ 坐标系内半径为 r 的圆柱体。控制输入 a 的作用是使状态变量躲避目标集，而 b 则极力使状态变量进入目标集。目标集由状态变量组成的几何体如图 3.9 所示。

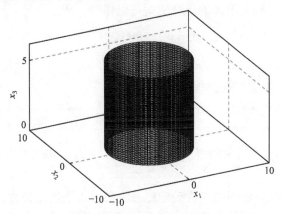

图 3.9　能够使追击者击落被追击者的状态目标集

为了对可达集方法求解的具体过程进行说明，将详细计算过程叙述如下。

首先系统动力学状态方程可以分解为以下形式：

$$f(x, a, b) = f^x(x) + F^a(x)a + F^b(x)b \tag{3.41}$$

将本算例中的动力学状态方程进行上述的分解可得

$$f^x(x) = \begin{bmatrix} -V_a + V_b \cos x_3 \\ V_b \sin x_3 \\ 0 \end{bmatrix}, \quad F^a(x) = \begin{bmatrix} x_2 \\ -x_1 \\ -1 \end{bmatrix}, \quad F^b(x) = \begin{bmatrix} 0 \\ 0 \\ 1 \end{bmatrix} \tag{3.42}$$

为了使哈密顿方程满足式(3.43)的条件：

$$H(x, p) = \max_{a \in [-a_{\max}, a_{\max}]} \min_{b \in [-b_{\max}, b_{\max}]} p^{\mathrm{T}} f(x, a, b) \tag{3.43}$$

需要将控制变量进行最优取值，最优值 a^*、b^* 的取值方法可以通过以下法则进行判断：

$$\begin{cases} a_i^*(x,p) = \begin{cases} -a_{\max}, & \displaystyle\sum_{j=1}^{n} p_j F_{ji}^a(x) \leqslant 0 \\[3mm] a_{\max}, & \displaystyle\sum_{j=1}^{n} p_j F_{ji}^a(x) > 0 \end{cases} \\[10mm] b_i^*(x,p) = \begin{cases} -b_{\max}, & \displaystyle\sum_{j=1}^{n} p_j F_{ji}^b(x) \leqslant 0 \\[3mm] b_{\max}, & \displaystyle\sum_{j=1}^{n} p_j F_{ji}^b(x) > 0 \end{cases} \end{cases} \tag{3.44}$$

在本算例中，根据上述的运算法则可以得到

$$\begin{cases} a^*(x,p) = a_{\max}\,\mathrm{sgn}(p_1 x_1 - p_2 x_2 - p_3) \\ b^*(x,p) = -b_{\max}\,\mathrm{sgn}(p_3) \end{cases} \tag{3.45}$$

因此，可以得到动力学模型的哈密顿方程为

$$H(x,p) = -p_1 V_a + p_1 V_b \cos x_3 + p_2 V_b \sin x_3 + a_{\max} \mid p_1 x_2 - p_2 x_1 - p_3 \mid - b_{\max} \mid p_3 \mid \tag{3.46}$$

　　因此将上述的哈密顿方程进行计算即可求得追击者将被追击者击落的可达集。

　　当使用可达集方法时，首先确定微分方程，以上的微分方程描述的是一个自治的动力学模型；而后根据算例中三个状态量的范围与输入控制对系统的作用，就可以确定哈密顿方程；接下来分析如何使哈密顿方程得到最大值，即得到最优输入算法；进而根据实际情况确定目标集的范围，本算例的目标集就是追击者可以击落被追击者的状态集合；最后设定计算网格数目、计算精度、可划范围、刻画时间等参数，计算得到所需要的可达集结果。结果表示如图 3.10 所示。

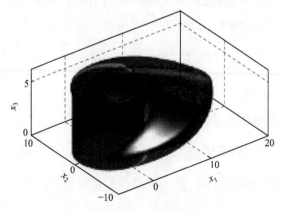

图 3.10　追击者击落被追击者的状态可达集

图 3.10 中所有曲面包围的区域表示的是追击者将被追击者击落的可达集，其含义是在可达集范围内的任一状态都能够在某一控制输入的调节下在给定的时间范围内到达目标集内，用公式表示为

$$R(t,K) = \{x \in \mathbb{R}^n \mid \exists u \in U_{[t,T]}, \exists \tau \in [t,T], \phi(\tau,t,x,u(\cdot)) \in K\} \tag{3.47}$$

式中，K 为目标集，存在控制输入使得在某一时间范围内，状态能够到达目标集。

将算例的动力学方程进行时域仿真能够对可达集求解的结果进行验证，将方程中的 a 与 b 选取不同组合的值进行仿真，初始状态均选为可达集内的状态点，具体的控制输入与仿真时间列为表 3.1。

表 3.1　验证可达集内所使用的状态点

初始状态 (x_1, x_2, x_3)	a	b	t	最终状态 (x_1, x_2, x_3)	结果
(8,0,3)	0.3	0.2	1	(−1.99,0.05,2.90)	进入目标集
(8,3,5)	0.3	−0.5	1	(2.32,−3.53,4.20)	进入目标集
(14,4,4)	0.8	−0.5	1.5	(−2.55,−2.80,2.05)	进入目标集
(13,−1,2)	−0.8	0.5	1.2	(−2.71,6.71,3.56)	未进入目标集
(10,−4,2)	−0.8	0.5	1.2	(−1.98,2.53,3.56)	进入目标集

可达集内状态点轨迹验证仿真结果如图 3.11 所示，其中图 3.11(a)为三维结果，图 3.11(b)~(d)分别为仿真结果的俯视图、前视图和右视图。

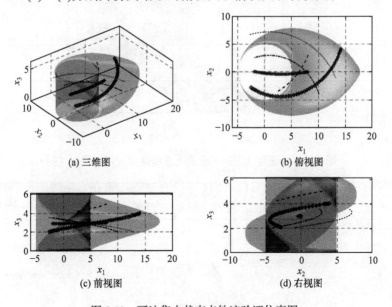

(a) 三维图　　　　　(b) 俯视图

(c) 前视图　　　　　(d) 右视图

图 3.11　可达集内状态点轨迹验证仿真图

　　根据仿真，由图 3.11 中不同线形表示的轨迹可以看出，可达集内的状态，在给定的时间范围内，存在控制量使得状态轨迹进入目标集内；另外，由图 3.11 中的"十"字线形的轨迹可以看出，并不是所有的控制输入情况下，状态点的轨迹都能进入目标集。

　　选取可达集外的一个状态点进行仿真，该点的坐标值为(15,–1,3.7)，从该点出发进行蒙特卡罗仿真，改变控制输入的大小，在给定时间范围内进行仿真，其仿真结果如图 3.12 所示，其结果俯视图如图 3.13 所示。

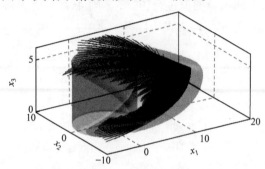

图 3.12　验证可达集外状态点轨迹的蒙特卡罗结果

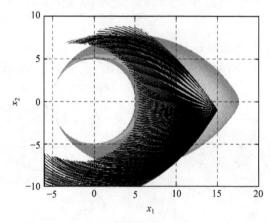

图 3.13　验证可达集外状态点轨迹的蒙特卡罗结果俯视图

　　根据俯视图 3.13 的结果可以看出，其所有轨线均未在给定时间范围内进入目标集。因此，可以得出的验证结果是，可达集外的点在任意控制下均无法在给定时间范围内到达目标集。

3.5　本 章 小 结

　　为保证飞机结冰后的安全飞行，在原有的飞机基本安全边界基础上，本章提出应用飞机结冰后动力学系统稳定域边界来判断飞机结冰后飞行状态的安全性。由于飞机本身就是一个非线性系统，结冰会导致飞机动力学系统非线性的加剧，为了分析结冰飞机非线性动力学系统的稳定性并求解其非线性稳定域，结合非线性系统分析方法，本章首先给出了分析飞机高维非线性动力学系统常用的分叉分析方法的理论基础。随后结合本书要研究的不同情况，分别提出应用相平面法、Lyapunov 函数法、流形法和正规形法等方法来研究结冰飞机非线性动力学系统的稳定域，介绍了相平面法的相关理论，指出相平面法适合研究一维和二维非线性系统。Lyapunov 函数在稳定域方法中经常用到，因此对二维系统的 Lyapunov 函数稳定域构造进行了介绍，其中的参数值 c 是构造 Lyapunov 函数的重点。由于 Lyapunov 函数在稳定域构造中存在保守性且对高维非线性系统的稳定域求解难度大，为确定结冰飞机高维非线性动力学稳定域，在参考相关文献后，提出可应用稳定流形理论求解，并介绍了流形法的基础理论。最后在流形理论基础上，给出了正规形法求解系统稳定域的理论基础。本章对这四种方法的理论基础和适用情况的阐述分析，可为后面不同求解方法的算法研究和结冰飞机在不同情况下的非线性动力学系统稳定域求解应用提供理论基础和参考依据。

　　本章还介绍了可达集理论基础及计算方法。首先对水平集方法进行了介绍，对于时变系统，水平集方法求得的可达集可以很好地描述状态的变化范围。然后通过对可达集的分析，介绍反向可达集、正向可达集、最大可控不变集和不变集的意义与区别，并且通过算例对可达集的使用方法进行了举例说明，对可达集理论方法进行了时域仿真验证，总结出可达集计算的一般流程，为后面的安全包线求解打下基础。

第4章 结冰飞机纵向二维系统稳定性 及非线性稳定域分析

飞机纵向短周期模态的振荡周期短，变化快，飞行员在实际飞行过程中往往来不及修正，对飞机飞行安全等影响较大，因此短周期模态往往是研究飞机纵向稳定性的重点。考虑到结冰会导致飞机飞行性能及品质的下降，结冰后的飞机短周期模态变化是飞机结冰研究的重点内容之一。考虑飞机非线性因素尤其是结冰引起的非线性增强，结冰后飞机纵向短周期对应的迎角及俯仰角速度组成的纵向二维系统的稳定性及稳定域变化也是需要重点研究的内容。

在第3章提到，相轨迹的绘制步骤简单，计算量小，特别适合分析常见的一阶非线性系统和二阶非线性系统。因此，本章首先分析结冰对飞机纵向短周期模态的影响，随后在根据结冰后飞机升力系数随迎角的变化关系建立考虑非线性因素的飞机纵向运动的微分动力学系统模型基础上，通过相平面法刻画迎角和俯仰角速度构成的不同飞行状态下飞机纵向运动的稳定域，并探讨迎角和俯仰角速度对纵向稳定性的影响规律。最后通过构造 Lyapunov 函数，提出新的临界值 c 的确定方法，求得结冰飞机纵向二维系统 Lyapunov 稳定域，并与相平面法给出的稳定域进行对比。

4.1 结冰飞机纵向线性稳定性分析

在结冰后升力曲线斜率不变，即小迎角阶段，可以将飞机本体按线性系统，即小扰动假设来进行稳定性研究，本节计算结冰后小迎角阶段的纵向短周期模态稳定性。

4.1.1 纵向运动方程

设飞机为刚体，根据飞机动力学方程组(2.2)和(2.4)，在忽略侧滑角、滚转角等横航向参数后，飞机纵向运动动力学方程可写为

$$\dot{\alpha} = q - \left(\frac{QS}{mV} C_x - \frac{g}{V} \sin\theta \right) \sin\alpha + \left(\frac{QS}{mV} C_z - \frac{g}{V} \cos\theta \right) \cos\alpha \tag{4.1}$$

$$\dot{q} = \frac{QS\overline{c}}{I_y}C_m \tag{4.2}$$

式中，S 为机翼面积；$Q = \frac{1}{2}\rho V^2$ 为动压；C_m 为俯仰力矩系数。

在研究飞机纵向短周期模态时，不考虑飞机速度的变化，因此式(4.2)中不出现切向力方程及推力项。计算经验表明，除平飞尾旋区外，重力项对平衡面影响不大，因此忽略重力项影响。本节采用气流轴系的升力系数 C_L 进行计算(C_L 指向气流轴系 z 轴反方向)，且飞机保持平飞，根据体轴系与气流轴系的转换关系，可得出 $C_x \sin\alpha - C_z \cos\alpha = C_L$，据此式(4.1)转化为

$$\dot{\alpha} = q - \frac{QS}{mV}C_L \tag{4.3}$$

4.1.2　气动导数计算

在大迎角飞行时，气动力和气动力矩通常为多个运动参数的复杂函数。本节主要研究纵向运动，且为了简化起见，暂不考虑舵偏角和马赫数等对气动参数的影响，气动力矩系数可根据气动力矩系数与升力系数之间的关系进行计算：

$$\begin{aligned} C_m &= C_{m_\alpha}\alpha + \left(\frac{\overline{c}}{2V}\right)C_{m_q}q + \left(\frac{\overline{c}}{2V}\right)C_{m_{\dot{\alpha}}}\alpha \\ &= C_{m_{CL}}C_{L_\alpha}\alpha + \left(\frac{\overline{c}}{2V}\right)C_{m_q}q + \left(\frac{\overline{c}}{2V}\right)C_{m_{\dot{\alpha}}}\alpha \end{aligned} \tag{4.4}$$

式中，C_{m_α} 为力矩曲线斜率；C_{L_α} 为飞机升力线斜率；$C_{m_{CL}}$ 为迎角静稳定性，为纵向静稳定导数；C_{m_q} 和 $C_{m_{\dot{\alpha}}}$ 为纵向动稳定导数，其中 C_{m_q} 为纵向阻尼力矩导数，$C_{m_{\dot{\alpha}}}$ 为洗流时差导数。

算例采用某型飞机相关参数为基准参数，计算条件为：飞行高度 $H = 4000\text{m}$，飞行速度 $V = 78.9\text{m/s}$，飞机质量 $m = 43900\text{kg}$，机翼面积 $S = 121.86\text{m}^2$，结冰程度参数 $\eta = 0.2$。

应用结冰影响模型(2.24)，在上述条件下该型飞机结冰前后的纵向短周期相关气动导数如表 4.1 所示。

表 4.1　飞机结冰前后的纵向短周期相关气动导数[104]

气动导数	未结冰	K_{CA}	结冰
C_{L_α}	5.8546	−0.10	5.7376
C_{m_α}	−2.0957	−0.5	−1.8860
C_{m_q}	−42.1509	−0.1754	−40.6723
$C_{m_{\dot{\alpha}}}$	−13.2664	−0.095	−13.0144

4.1.3　稳定性计算

基于上述气动参数变化，表 4.2 给出 $\eta = 0.2$ 所对应的飞机纵向短周期模态特性参数变化。其中，$\omega_{n_{sp}}$ 为短周期模态频率，ξ_{sp} 为短周期阻尼比，T_{sp} 为短周期的周期时间，λ_{sp} 为短周期的特征值。

表 4.2　飞机结冰前后的纵向短周期模态特性参数变化

特性参数	未结冰	结冰
$\omega_{n_{sp}}$	1.1555	1.1401
ξ_{sp}	0.4993	0.4929
T_{sp}	2.7188	2.7555
λ_{sp}	$-0.5770 \pm 1.0011i$	$-0.5619 \pm 0.9920i$

从表 4.2 中可以看出，结冰后飞机短周期阻尼比、频率都有所下降，自然周期时间有所增加但变化不大。从特征根可以看出，飞机结冰后飞机极点有向原点靠近的趋势，说明飞机动稳定性有所降低。

图 4.1 为不同结冰程度下迎角遇到幅值为 1° 的脉冲扰动后的响应曲线。从图 4.1 中可以看出，由于结冰后短周期模态阻尼比和频率减小，随着 η 值的增大，扰动消失后迎角恢复越来越慢，周期变长，影响飞机稳定性，从而使得飞行品质降低。

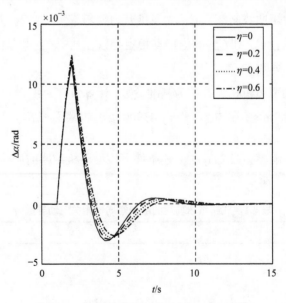

图 4.1　不同结冰程度下迎角脉冲响应曲线

4.2　基于相平面法的结冰飞机纵向非线性系统稳定域分析

目前，国内外对结冰后飞机动力学稳定性研究的主要方法是：首先通过结冰因子对飞机稳定性和控制参数影响进行分析，然后计算飞机的动力学模型稳定性。在这过程中，动力学模型被简化为线性系统，而结冰保护主要基于某一参数变化临界值进行相关预警和保护控制。但影响结冰飞机稳定性的参数较多，并随着状态参数的变化具有较强的非线性关系，如果仍然仅从一个参数就简单决定飞机是否超出稳定边界，可能会得到错误的结论，线性模型已经不能适用于结冰后飞机的稳定性分析及判断。

4.2.1　纵向非线性模型建立

通常飞机只允许在可用迎角范围内飞行，如图 4.2 所示，如果遇到结冰情况，可能会在原可用迎角前就达到失速条件，从而使飞机失稳或发生危险。1997 年，Comair 航空公司发生的由飞机结冰引起的空难，飞机结冰后飞机失速迎角降低，边界范围减小，但飞机的失速告警系统未考虑结冰条件，驾驶员仍按未结冰情况下的飞行边界操纵飞机，从而导致故障的发生。因此，仅研究线性段飞机特性已远远不能满足要求，尤其是结冰后飞机失速迎角急剧减小情况下，此时飞机处于未结冰的可用迎角线性段，但结冰后的气动参数已出现较强非线性。综上所述，研究结冰飞机升力系数非线性变化阶段的运动稳定性及稳定域对结冰后飞机飞行安全具有非常重要的理论与现实意义。

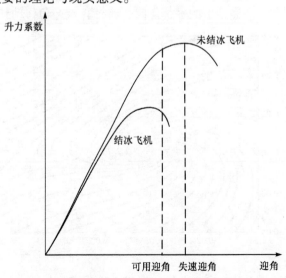

图 4.2　飞机结冰前后升力系数变化示意图

根据飞机试飞得到的升力系数随迎角变化的曲线，可以拟合出升力曲线非线性变化阶段处升力系数 C_L 和迎角 α 的二次曲线关系：$C_L = x_1\alpha^2 + x_2\alpha + x_3$，根据飞机升力系数随迎角变化的曲线求解出升力系数随迎角变化的非线性关系，结合式(4.3)和式(4.4)，可将飞机动力学方程表示为非线性系统模型：

$$\begin{cases} \alpha = q - \dfrac{QS}{mV}C_L(\alpha) \\ q = \dfrac{QS\overline{c}}{I_y}\left[C_{m_{CL}}C_L(\alpha) + \left(\dfrac{\overline{c}}{2V}\right)C_{m_q}q + \left(\dfrac{\overline{c}}{2V}\right)C_{m_{\dot{\alpha}}}\alpha \right] \end{cases} \tag{4.5}$$

在确定结冰后的非线性模型时，根据结冰程度建立的结冰影响模型确定升力曲线和其他气动参数的变化，属于研究结冰后飞机性能变化的常用方法[100,115]，根据相关研究可发现，相同结冰程度情况下，结冰类型不一样，对气动特性的影响是有一定差别的，但变化趋势基本相仿，因此结冰后根据结冰严重程度改变模型(4.5)中各气动参数进行的稳定域研究具有一定代表性。

4.2.2　结冰飞机纵向运动稳定性及稳定域分析

以某型飞机为研究对象，利用给出的结冰后纵向运动非线性模型，对结冰飞机在失速迎角前不同迎角下的稳定性进行分析。飞机结冰严重程度 $\eta = 0.2$，高度 $H = 4000\text{m}$，飞机始终保持平飞，这就要求在计算时根据不同迎角首先将飞机配平。飞机结冰后升力曲线非线性变化阶段迎角为 $0.2391 \sim 0.3490\text{rad}$，失速迎角为 0.3054rad。

当求解飞机在某一迎角下的平衡点时，将计算点迎角移动到原点。图 4.3 为

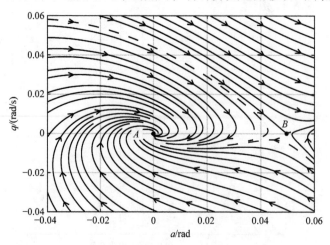

图 4.3　飞机结冰后纵向短周期模态相平面图(α=0.2548rad)

结冰后飞机在迎角为 $\alpha = 0.2548\text{rad}$ 时的纵向短周期模态相平面图，从图中可看出，系统存在两个平衡点，针对图 4.3 情况，通过计算可求出两个平衡点的坐标为原点 $A(0, 0)$ 和点 $B(0.0496, 0)$，计算两平衡点处的特征根，其中，点 A 处系统特征根为 $\lambda_{1,2} = -0.4643 \pm 0.6292\text{i}$，点 B 处特征根为 $\lambda_1 = 0.0044$、$\lambda_2 = -0.6309$，说明点 A 为稳定焦点，点 B 为鞍点。

由于计算时将计算迎角平移到了原点，所以这两个平衡点真实坐标为(0.2548, 0)和(0.3054, 0)，其中，0.3054rad 即失速迎角。依据非线性动力学理论，结合 3.3.1节的相平面法，结冰后飞机的纵向稳定域边界可以由不稳定平衡点附近的相轨迹刻画。在图 4.3 中，虚线所示相轨迹是最接近不稳定平衡点的相轨迹，其构成了稳定平衡点 A 的稳定域边界；稳定域边界以内(左下方)相轨迹均趋向于稳定平衡点 A；稳定域边界以外(右上方)相轨迹均离开稳定平衡点 A 趋向于无穷远。从图4.3 中可明显看出，当俯仰角速度为零时，迎角稳定域可以到达失速迎角，但是，在迎角小于失速迎角的范围内，并不是所有的俯仰角速度下系统都是稳定的，只要超出俯仰角速度允许范围，系统轨线还是会偏离平衡点而趋向于无穷远处，这也说明在结冰情况下仅限制迎角不超过失速迎角是远远不够的。

图 4.4 为结冰后飞机在迎角为 $\alpha = 0.2927\text{rad}$ 时的纵向短周期模态相平面图，通过计算可求出两个平衡点的坐标为原点 $A'(0, 0)$ 和 $B'(0.0127, 0)$，其中，稳定焦点 A' 处特征根为 $\lambda_{1,2} = -0.3337 \pm 0.1324\text{i}$，鞍点 B' 处特征根为 $\lambda_1 = 0.0234$、$\lambda_2 = -0.6302$。平移前真实坐标为(0.2927, 0)和(0.3054, 0)，第二个平衡点横坐标也是失速迎角。不稳定平衡点的稳定流形构成了系统的稳定域边界，图 4.4 中虚线

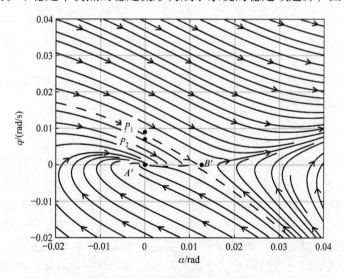

图 4.4 飞机结冰后纵向短周期模态相平面图(α =0.2927rad)

所示轨线构成了飞机在此迎角下平飞时迎角和俯仰角速度刻画的稳定域边界。对比图 4.3 和图 4.4 可发现,随着飞行迎角的增加,飞机要保持纵向运动稳定所允许的俯仰角速度和迎角范围明显减小,稳定域收缩。

当迎角达到失速迎角时,其相平面图如图 4.5 所示,从图中可以看出,其稳定平衡点 A'' 和鞍点 B'' 之间距离很近,而且平衡点迎角处稍有一点正的俯仰角速度,系统轨线就会走向鞍点从而失稳。这说明,在失速迎角处纵向稳定性极弱,稍有正向俯仰角速度,运动就会发散失稳。从图 4.5 中虚线刻画的稳定边界来看,其稳定域进一步减小。

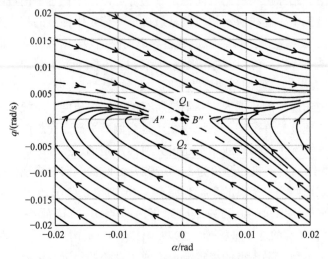

图 4.5　飞机结冰后纵向运动相平面图(α =0.3054rad)

从图 4.3 到图 4.5,飞行迎角逐渐增大,但其要保持稳定所允许的俯仰角速度范围急剧减小,再一次说明了在进行结冰后飞机安全边界保护等分析时仅限制迎角一个参数是不够的,即使迎角不超过失速迎角,只要俯仰角速度超过一定量,飞机稳定性也会受到影响。

4.2.3　时域仿真验证

相平面法刻画的结冰飞机稳定域的准确性十分重要,可以通过对系统的时域仿真进行验证。本书从稳定域内、外某一初始点出发进行零输入状态仿真,通过观察两者响应的收敛与发散情况判断系统的稳定性,是一种有效的验证方法。

针对图 4.4 情况,当飞机飞行迎角为 0.2927rad 时,如果受到扰动使飞机产生 0.009rad/s 的俯仰角速度,即点 P_1 处为初始点,从图 4.4 中可以看出 P_1 已经超出了稳定域范围。以此点为初始值计算短周期的运动量变化规律,如图 4.6 所示,可以看出随着时间的推移,迎角和俯仰角速度都发散了,而此时飞机初始迎角处在失速迎角前，按照相关理论，如果不超过失速迎角，飞机纵向稳定性是不会出现问题的，这也正说明了考虑多因素对结冰飞机稳定性影响的重要性。

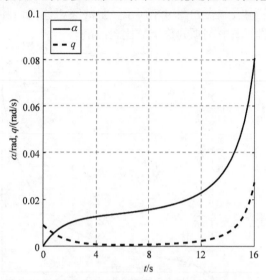

图 4.6　结冰后纵向运动零输入响应(初始状态 $\alpha = 0.2927\text{rad}$, $q = 0.009\text{rad/s}$)

图 4.4 中点 $P_2(0, 0.007)$ 位于相平面图所刻画的稳定域内，且离稳定域边界较近，以此点为初始点计算纵向运动的零输入响应，结果如图 4.7 所示，迎角和俯仰角速度最终都会收敛于平衡点，图 4.6 和图 4.7 的结果也进一步验证了相平面图确定的稳定域正确性。

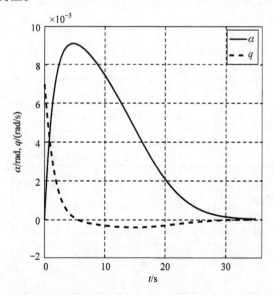

图 4.7　结冰后纵向运动零输入响应(初始状态 $\alpha = 0.2927\text{rad}$, $q = 0.007\text{rad/s}$)

4.2.2 节分析了飞机在失速迎角处飞行，稍有正的俯仰角速度，系统就会失稳。图 4.5 中在稳定域外的点 Q_1 坐标为(0, 0.001)，即俯仰角速度有 0.001rad/s 的扰动，从此点出发，其零输入响应如图 4.8 所示，最终飞机俯仰角和俯仰角速度都会发散，说明了在相平面图中刻画的稳定域比较准确。

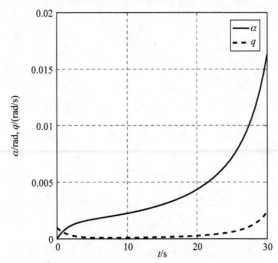

图 4.8　结冰后纵向运动零输入响应(初始状态 α =0.3054rad, q =0.001rad/s)

从图 4.5 中点 Q_2 (0, −0.0025)出发，计算其零输入响应，结果如图 4.9 所示，由于 Q_2 位于稳定域内，所以其响应也会收敛，但其迎角不能回到原点是因为在失速迎角处的迎角稳定性处于临界状态，若有负的俯仰角速度扰动就会朝失速迎角前偏离，以保持稳定。

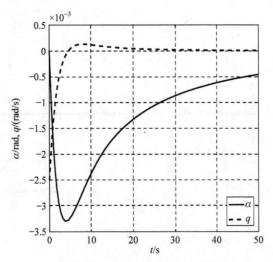

图 4.9　结冰后纵向运动零输入响应(初始状态 α =0.3054rad, q = −0.0025rad/s)

图 4.10 为以图 4.5 中点 $Q_3(0, 0.009)$ 为初始点进行响应计算，对比图 4.6 和图 4.10 可以看出，当飞行迎角从 0.2927rad 变为 0.3054rad 时，同样的俯仰角速度扰动，迎角和俯仰角速度失稳发散会变得更快，说明随着飞行迎角的增加，纵向运动稳定性越来越差，飞行品质急剧降低。

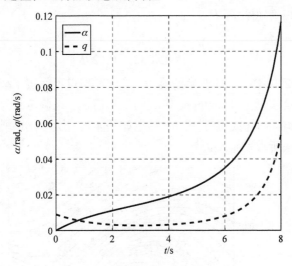

图 4.10　结冰后纵向运动零输入响应(初始状态 α=0.3054rad, q=0.009rad/s)

4.3　基于 Lyapunov 函数的结冰飞机纵向非线性系统稳定域分析

为了给出飞机结冰后纵向二维稳定域的解析结果，可采用 Lyapunov 直接法来估计稳定域的一个严格子集。根据 3.3.2 节的基于 Lyapunov 函数的稳定域理论分析，Lyapunov 函数的稳定域求解方法涉及两方面的内容，即 Lyapunov 函数的构造和紧集 Ω_c 的确定。为简单起见，可以按 3.3.2 节的方法构造 Lyapunov 函数，构造 Lyapunov 函数后需要解决的是确定 Lyapunov 函数的临界值 c，以便求取紧集 Ω_c，从而得到系统由 Lyapunov 函数表示的稳定域。

分析以往的 Lyapunov 函数法求解稳定域方法，临界值 c 的确定是影响稳定域的关键因素，常用的 Lyapunov 函数的构造方法具有很强的技巧性，无一般规律可循，大部分只针对某一特定问题而言。根据非线性动力学稳定性理论，稳定域边界由边界上不稳定平衡点的稳定流形构成，因此 Lyapunov 函数的临界值 c 将在 Lyapunov 等值面与稳定流形的交点处取得。鉴于此，本节可以通过搜索不稳定平衡点稳定流形上 Lyapunov 函数最小值的方法来确定临界值 c，这也是本书创新点之一。

　　飞机飞行条件和 4.2 节一样,即高度 $H = 4000\mathrm{m}$,结冰严重程度 $\eta = 0.2$,使飞机保持平飞,计算飞机工作点,即迎角为 $\alpha = 0.2474\mathrm{rad}$ 时的稳定域。首先将工作点移到原点,根据式(3.7)计算系统在此工作点处的线性化矩阵 A ,将计算结果代入方程(3.11)中解得矩阵 P :

$$P = \begin{bmatrix} -0.2842 & 1 \\ -0.5082 & -0.6295 \end{bmatrix}$$

　　采用文献[200]中给出的波形松弛法,给出工作点不稳定平衡点的稳定流形数值,搜索此稳定流形上 Lyapunov 函数的最小值 $c_{\min}$ 来确定临界值,即使得所求 Lyapunov 稳定域与不稳定流形相切,结果如图 4.11 所示,图中椭圆实线所标示的稳定域即此方法所求稳定域边界。

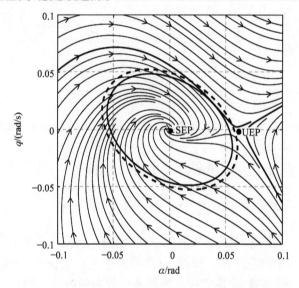

图 4.11　飞机结冰后纵向 Lyapunov 稳定域($\alpha = 0.2474\mathrm{rad}$)

　　图 4.11 中虚线所构成的 Lyapunov 稳定域是通过取临界值 c 为不稳定平衡点处的函数值来确定的,可见此时的稳定域已部分超出了通过相平面法给出的工作点(稳定平衡点)的稳定范围,说明在不稳定平衡点处所取得函数值并非所需的临界值,随其只有部分区域超出了真实稳定域范围。但其出现在不稳定平衡点附近,而不稳定平衡点附近是系统最容易发生发散的区域,这也从侧面说明,通过搜索稳定边界上 Lyapunov 函数的最小值 $c_{\min}$ 来确定系统稳定域边界的方法已充分扩展了稳定域,可保证此方法求解的系统稳定域保守性最小。

　　分析所求的 Lyapunov 稳定域,可以明显看出,通过 Lyapunov 函数确定的稳定域要远比相平面法给出的稳定域保守，只有在靠近不稳定平衡点处和真实的稳定边界较为靠近。但飞机在结冰飞行时主要是防止飞机在失速迎角处发生危险，因此通过 Lyapunov 函数求得的稳定域虽相对于真实边界具有一定保守性，但其给出的结冰飞机稳定域解析结果对飞机飞行安全仍有较大的参考与应用价值，可为系统识别飞机安全边界提供数据支撑。

4.4　本 章 小 结

本章首先基于飞机纵向动力学模型，通过对飞机迎角和升力曲线非线性关系拟合，建立了结冰条件下飞机纵向非线性系统模型，通过相平面法刻画了迎角和俯仰角速度构成的纵向二维动力学系统的稳定域，并分析了迎角和俯仰角速度对纵向稳定性的影响规律。然后针对稳定域内、外的不同初始状态，进行了零输入响应的时域仿真，验证了相平面法确定的稳定域的有效性。最后通过构造 Lyapunov 函数，搜索工作点不稳定平衡点稳定流形上的 Lyapunov 函数的最小值 c_{min} 来确定 Lyapunov 函数临界值，求得了结冰飞机纵向二维 Lyapunov 稳定域，并与相平面法给出的稳定域进行了对比分析。

(1) 通过仿真发现，结冰对飞机短周期模态有较大影响，以往的线性模型分析不能完全满足结冰后飞机稳定性分析要求。相平面法可简单快捷地给出结冰飞机纵向短周期模态所包含俯仰角速度、迎角构成的飞机纵向稳定域。从分析情况可看出，结冰后仅对迎角进行限制不太严谨，如果俯仰角速度扰动超过一定值，飞机即使处在失速迎角前也可能会出现失稳现象。因此，本章以结冰飞机非线性稳定域来分析飞机安全边界更合理。

(2) 本章所提出的通过搜索不稳定平衡点稳定流形上 Lyapunov 函数的最小值 c_{min} 作为临界值的 Lyapunov 函数稳定域求解方法，可给出边界的数值解析，且可以有效改善以往的 Lyapunov 函数稳定域求解方法的保守性，对飞机结冰后的稳定域分析具有很强的参考价值。

虽然相平面法具有清晰的概念和形象化的表达方式，但其仅适合分析常见的一阶非线性系统和二阶非线性系统。Lyapunov 函数法虽然可给出边界的解析表达，但和真实的稳定域边界比较，仍有一定的保守性，不能充分展示出飞机结冰后的稳定域范围，如果以此为参考会限制飞机性能的发挥，且 Lyapunov 函数法难以有效处理高维、耦合的复杂非线性系统。因此，如何求解高维、耦合非线性系统稳定域并使其尽可能有较小的保守性，是分析飞机结冰后高维非线性稳定性及稳定域需要进一步解决的重点。

第5章　基于流形法的结冰飞机高维
非线性稳定域确定

当飞机飞行迎角靠近失速迎角时，由于气动力的非线性和耦合的影响，其动力学特性非常复杂，早期主要是将飞机在配平状态下进行小扰动线性化进而应用经典控制理论判断飞机的稳定性；20世纪90年代初，国内外学者在考虑飞机气动参数非线性的基础上，建立了飞机的非线性动力学方程，研究系统的平衡点随着相关参数变化时由稳定至不稳定的变化规律。但整体而言，人们对飞机稳定域的研究尤其是结冰后飞机多维非线性稳定域的研究一直比较匮乏。

本书第3章分析了流形法可用于系统高维非线性稳定域求解，因此本章首先在建立的高维非线性动力学模型基础上，利用非线性分叉分析方法对结冰飞机开环非线性系统进行稳定性分析研究，接着应用流形法计算结冰飞机开环系统的三维稳定域，并对结冰前后稳定域变化进行对比分析。考虑到执行机构饱和也会导致飞机非线性的增加，因此本章最后在建立考虑执行机构饱和的闭环增稳控制模型基础上，应用流形法确定闭环系统的稳定域，并进一步分析结冰程度和执行机构饱和值改变对飞机闭环稳定域的影响。研究结果可为飞机结冰后的系统高维非线性稳定边界的确定和飞行安全提供一定的理论依据。

5.1　结冰飞机开环系统非线性动力学分叉分析

非线性动力学系统稳定性主要涉及两个方面的内容：

(1) 动力学系统的结构稳定性，即平衡解对参数的敏感性，这个问题可通过分叉分析方法来求解，以获得系统稳定性随某个参数变化的情况。

(2) 平衡解的稳定域问题，通常非线性系统会存在多个平衡解，仅研究系统平衡解的稳定性并不能得到系统全面的信息，因此确定系统稳定平衡解的稳定范围(抗干扰能力问题)尤其是结冰飞机稳定范围对保证飞机安全很有意义。

由于飞机动力学系统呈现高度的非定常及非线性特性，且结冰导致飞机非线性增加，利用常规方法难以进行求解系统的动力学特性，可以将典型参数(如飞机的舵偏角)视为变参数，运用分叉分析方法进行求解。根据第3章给出的分叉分析方法，首先给出分叉问题的数值方法。

5.1.1　分叉问题数值方法

用数值方法研究方程(3.5)，通常是将其化为求解如下含参数的非线性代数方程(3.6)。令 $y = (x, \mu) \in \mathbb{R}^{n+1}$，在忽略状态变量 x 和参变量 μ 的差别的基础上，可将方程(3.6)改写为

$$f(y) = 0 \tag{5.1}$$

函数 $f(y)$ 的弗雷歇导数是一个 $n \times (n+1)$ 的矩阵 $Df(y) = (\partial f^i / \partial y^i)$。

现定义一个 $\mathbb{R}^{n+1}$ 上的矢量场：

$$v(y) = (v^1, v^2, \cdots, v^{n+1})^{\mathrm{T}} \tag{5.2}$$

矢量场的每个分量 v^j 由 $Df(y)$ 第 j 列的余因子构成，即

$$v^j = (-1)^j \det\left(\frac{\partial f}{\partial y^1}, \cdots, \frac{\partial \hat{f}}{\partial y^j}, \cdots, \frac{\partial f}{\partial y^{n+1}} \right), \quad j = 1, 2, \cdots, n+1 \tag{5.3}$$

式中，"^"表示去掉该列。

为了解参数连续变化过程中方程(3.6)解的发展情况，并从中发现解的奇异性，经常采用延续算法进行数值求解，即从方程(3.6)的一个初始解点出发，采牛顿迭代法，对解曲线进行连续跟踪，从而得到解随参数的变化规律。

当计算静态分叉时可证明，若向量场 v 在某一维解流形 Γ 上的相邻两点 a 和 b 处方向发生改变，即

$$\mathrm{sgn}(v^i|_a) + \mathrm{sgn}(v^i|_b) = 0, \quad i = 1, 2, \cdots, n+1 \tag{5.4}$$

则 a、b 两点之间的解流形 Γ 上必然存在一个静态分叉点，可应用二分法将此奇点准确定位[201]。对于 Hopf 分叉，设 $\lambda_i(\mu)$ 为 $A = Df(x)$ 的特征值 $(i = 1, 2, \cdots, n)$，若 $\lambda_i(\mu_0) = i\omega_0(\omega \neq 0)$，则出现 Hopf 分叉。

5.1.2　运动方程

设飞机为刚体，如果在进行分叉数值计算时应用飞机的 6 自由度 12 阶全量方程，不仅严重耗费时间，而且不太实际，因此一般都需要进行简化处理以降低方程阶次。如果忽略机体方位角和飞机质心位置对动力学特性的影响，进一步，飞机在较大迎角情况下飞行时，一般可以忽略飞行速度的变化。基于这些简化，在飞机动力学方程组(2.2)和(2.4)的基础上，去除切向力方程及推力项并对具体参数进行展开后，飞机非线性动力学方程组可写为

$$\begin{cases} \dot{\alpha} = q + \dfrac{1}{\cos\beta}\Bigg[\left(-\dfrac{QS}{mV}C_x + \dfrac{g}{V}\sin\theta - r\sin\beta\right)\sin\alpha \\ \qquad + \left(\dfrac{QS}{mV}C_z + \dfrac{g}{V}\cos\theta\cos\phi - p\sin\beta\right)\cos\alpha\Bigg] \\ \dot{\beta} = -\cos\alpha\left[\left(\dfrac{QS}{mV}C_x - \dfrac{g}{V}\sin\theta\right)\sin\beta + r\right] + \left(\dfrac{QS}{mV}C_y + \dfrac{g}{V}\cos\theta\sin\phi\right)\cos\beta \\ \qquad + \left[\left(-\dfrac{QSC_z}{mV} - \dfrac{g}{V}\cos\theta\cos\phi\right)\sin\beta + p\right]\sin\alpha \end{cases} \quad (5.5)$$

$$\begin{cases} \dot{p} = \Bigg[-\left(\dfrac{I_z - I_y}{I_x} + \dfrac{I_{xz}^2}{I_x I_z}\right)qr + \left(1 - \dfrac{I_y - I_x}{I_z}\right)\dfrac{I_{xz}}{I_x}pq \\ \qquad + \dfrac{QSb}{I_x}\left(C_l + \dfrac{I_{xz}}{I_z}C_n\right)\Bigg]\Bigg/\left(1 - \dfrac{I_{xz}^2}{I_x I_z}\right) \\ \dot{q} = \dfrac{QS\overline{c}}{I_y}C_m + \dfrac{I_z - I_x}{I_y}pr + \dfrac{I_{xz}}{I_y}\left(r^2 - p^2\right) \\ \dot{r} = \Bigg[\left(\dfrac{I_{xz}^2}{I_x I_z} - \dfrac{I_y - I_x}{I_z}\right)pq - \left(1 + \dfrac{I_z - I_y}{I_x}\right)\dfrac{I_{xz}}{I_x}qr \\ \qquad + \dfrac{QSb}{I_z}\left(\dfrac{I_{xz}}{I_x}C_l + C_n\right)\Bigg]\Bigg/\left(1 - \dfrac{I_{xz}^2}{I_x I_z}\right) \end{cases} \quad (5.6)$$

5.1.3　结冰前后飞机气动导数

当大迎角飞行时，气动力和气动力矩通常为多个运动参数的复杂函数，且相互之间有比较强的耦合。采用某型飞机作为算例，其未结冰数据参考 2.2.1 节中的非线性气动力和气动力矩模型(2.17)进行计算。此外，在动力学系统的分叉数值计算中，对系统的连续性有较高要求，但现代高性能飞机的气动数据通常是由大量离散的不连续数据给出的(本节算例飞机数据就是此种形式)，因此在计算过程中，需要利用插值法来求出所需状态下各气动力及气动力矩数据。在求解结冰后的气动数据时，结合 2.3 节给出的模型和方法，根据结冰程度并参考文献[118]给出的飞机结冰影响系数 K_{CA}(表 5.1)，通过相似量纲准则，对算例飞机的气动数据进行计算。由于飞机大迎角处的非线性数据增强，所以还需利用 2.3 节给出的修正方法对算例飞机的相关气动系数进行插值修正。

表 5.1　飞机气动导数的结冰系数值

气动导数	K_{CA}/%	气动导数	K_{CA}/%
C_{zq}	−1.20	C_{nr}	−6.10
$C_{m\alpha}$	−10	$C_{z\delta_e}$	−9.50
C_{mq}	−3.50	$C_{m\delta_e}$	−10
$C_{y\beta}$	−20	$C_{y\delta_r}$	−8
$C_{l\beta}$	−10	$C_{l\delta_a}$	−10
C_{lp}	−10	$C_{l\delta_r}$	−8
C_{lr}	0	$C_{n\delta_r}$	−8.30
$C_{n\beta}$	−20		

算例飞机的主要几何结构为：飞机质量 $M = 9295.44\text{kg}$ ，机翼面积 $S = 27.87\text{m}^2$ ，平均气动弦长 $\bar{c} = 3.45\text{m}$ ，翼展 $b = 9.144\text{m}$ ，惯性矩分别为 $I_x = 12874.8\text{m}^4$ 、$I_y = 75673.6\text{m}^4$ 、$I_z = 85552.1\text{m}^4$ ，惯性积分比为 $I_{xz} = 1331.4$ 、$I_{xy} = I_{zy} = 0$ 。初始飞行条件，即计算状态为：飞行高度 $H = 4000\text{m}$ ，飞行速度 $V = 78.9\text{m/s}$ ，结冰程度 $\eta = 0.2$ 。

5.1.4　开环系统分叉分析

当飞机在大迎角飞行时，即使无侧滑角，也会有侧向不对称力产生，算例飞机气动数据显示在方向舵偏角为零时，大迎角处的侧向力较小。为了体现飞机在大迎角处的气动复杂性，并保证飞机在进入失速前的基准飞行状态的惯性耦合和气动耦合均为小量，因此取方向舵偏角 $\delta_r = -3°$ ，同时固定副翼偏角 $\delta_a = 0°$ ，当升降舵偏角 δ_e 连续变化时，计算结冰飞机系统的平衡点变化并进行分叉分析。

求解平衡点本质上是解非线性方程组问题，目前已有较多成熟的算法，如牛顿迭代法、信赖域法等，这些算法大都对迭代初值较为敏感，使用中还需要结合解空间搜索技术来确保找到系统的所有平衡点。计算出平衡点后，通过计算系统在平衡点处的雅可比矩阵来分析平衡点的稳定性。

图 5.1 为飞机结冰后迎角 α 、侧滑角 β 、滚转角速度 p 、俯仰角速度 q 和偏航角速度 r 随升降舵偏角 δ_e 变化的平衡曲线。图 5.1 中，实线表示稳定平衡曲线，虚线表示不稳定平衡曲线。

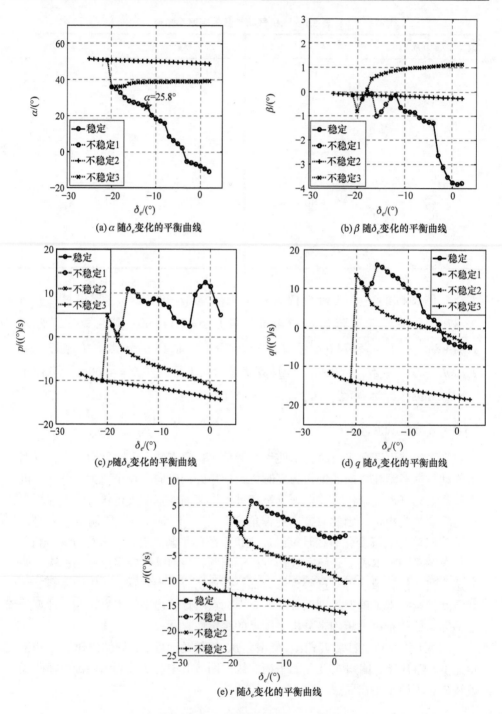

(a) α 随 δ_e 变化的平衡曲线

(b) β 随 δ_e 变化的平衡曲线

(c) p 随 δ_e 变化的平衡曲线

(d) q 随 δ_e 变化的平衡曲线

(e) r 随 δ_e 变化的平衡曲线

图 5.1　结冰飞机分叉曲线($\eta = 0.2$, $\delta_a = 0°$, $\delta_r = -3°$)

图 5.1 展示了结冰飞机的平衡面计算结果,在这组平衡曲线的各个平衡点上,计算了雅可比矩阵的特征值(以下简称特征值)。图 5.1 中的实线段表示此处其特征值均具有负实部,是局部稳定的;虚线段处表示其至少有一个正实部特征值,是局部不稳定的。图 5.1 中可看出,在升降舵偏角大于–13°时,飞机在此种结冰程度下存在稳定平衡点。从图 5.1(a)可以看出,当迎角在 25.8°以内时,系统存在稳定的平衡解,飞机在此范围内的各模态全都保持稳定。当结冰飞机迎角开始超过25.8°时,系统开始出现不稳定平衡解,此时通过计算系统特征值可发现,在此处横航向的荷兰滚模态变得不稳定,因此系统由稳定转化为不稳定,即出现分叉点。

随着飞行迎角的继续增大,系统进入另一种不稳定平衡解状态,通过计算可发现,此时短周期模态根轨迹穿过虚轴,从图 5.1(a)中可发现,此时迎角会保持在 38.7°左右,这也是飞机在给出的结冰状态下的失速迎角。当迎角继续增大,系统进入大迎角下更为复杂的不稳定状态,相关模态之间相互耦合,并产生新的特征值。

侧滑角、滚转角速度、俯仰角速度和偏航角速度的分叉曲线变化分别如图 5.1(b)~图 5.1(e)所示,其变化过程和图 5.1(a)所示的迎角分叉曲线相对应。

图 5.2 给出飞机未结冰在同样飞行条件下的迎角分叉曲线,对比图 5.2 和图 5.1(a)可发现,结冰程度 $\eta = 0.2$ 条件下,飞机的迎角稳定范围相比于未结冰飞机减小了约 18%(图中标出飞机的稳定迎角最大值从未结冰的 31.5°变为结冰后的25.8°)。在同样的升降舵偏角下,结冰飞机的稳定平衡点与不稳定平衡点之间的距离也变小,这也说明了结冰飞机从稳定点到不稳定点的稳定范围(稳定域)会变小。

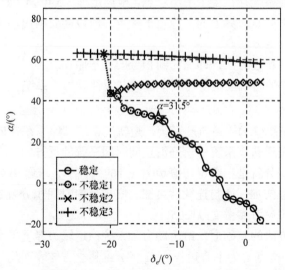

图 5.2 飞机未结冰迎角 α 分叉曲线($\eta = 0.2, \delta_a = 0°, \delta_r = -3°$)

5.2　基于流形法的结冰飞机非线性稳定域求解

在对飞机的稳定性分析中，对于飞机系统的结构稳定性(即平衡点变化)的研究比较多，例如，高浩等和何值岱等利用微分方程定性理论、分支理论和突变理论等开展了飞机全局稳定性研究，并获得了由定性理论所确定的临界稳定性与常用判据之间的关系[202,203]。林国锋用微分方程定性理论分析了俯仰力矩曲线随迎角变化的"勺形"特性对飞机飞行稳定性的影响[204]。黎康等在研究了飞机系统的结构稳定性问题的基础上，通过合理选择平衡点线化方程，采用特征结构配置方法设计调参的大迎角控制律，以使飞机的稳定飞行状态可延伸至大迎角范围[130]。

这些在求取平衡点的基础上通过分析平衡点稳定性来研究某参数变化下飞机系统参数临界稳定的方法，近年来得到了较多的研究与关注。但由于非线性系统存在多个平衡状态，仅获知平衡点处的稳定性对于飞机尤其是结冰飞机特性的分析研究还是远远不够的。飞机系统在配平状态或者稳定平衡点处的抗扰动能力，即系统在此平衡点处的稳定域边界是飞机稳定性的重要性质，相关的研究在国内外相关文献至今鲜有报道。因此，确定飞机结冰后的高维非线性稳定域的范围在工程上具有非常重要的意义。

5.2.1　动力学系统稳定域边界上平衡点的判定

由于非线性系统存在多个平衡状态，根据定理 3.3 可知，要构造稳定域边界，必须找到稳定平衡点边界上的不稳定平衡点，所以需要给出动力学系统稳定域边界上平衡点的判定方法。

首先定义逆轨迹方法，即反时间积分的基本原理。

将系统(3.1)的右端取负号得到下面的非线性动力学系统：

$$\dot{x} = -f(x) \tag{5.7}$$

式(5.7)即系统(3.1)的逆轨迹系统，逆轨迹系统和原系统在向空间中有相同的拓扑结构，只是逆轨迹系统的轨迹沿正向时间系统的反方向。

反向时间积分就是在给定初值 $\Phi(t_0, x_0)$ 的条件下，求解 t_0 时刻之前的轨迹。根据常微分方程的唯一性与连续性可知，实现反向时间积分就是对式(5.7)进行积分，相关具体理论可参考文献[205]。

在逆轨迹方法的基础上，给出动力学系统稳定域边界上平衡点的判定方法。

(1) 在以平衡点 x_i 为中心边长为 2ε 的 n 维超立方体表面均匀取点，具体方法是：记超立方体 1 号面上的点 $y_{1,k} = (\varepsilon, d_1, d_2, \cdots, d_{n-1}) + x_i$，$-1$ 号面上的点 $y_{-1,k} = (-\varepsilon, d_1, d_2, \cdots, d_{n-1}) + x_i$，其中 $d_i(j = 1, 2, \cdots, n-1)$ 为 $(-\varepsilon, \varepsilon)$ 范围内均匀选取的间隔

点。类似地，对于 m 号面，$y_{m,k}=(d_1,d_{m-1},\varepsilon,d_{m+1},d_{n-1})+x_i$，$m=\pm1,\pm2,\cdots,\pm n$。

(2) 以点 $y_{m,k}$ 为初始条件对系统反时间积分，若所得轨线仍然保持在该 ε 超立方体内，则该点位于 x_i 的不稳定流形上，进入步骤(3)。若超立方体表面上所有选取点的反向积分轨线最终都越出该 ε 邻域，则将邻域半径改为 $\alpha\varepsilon$（$0<\alpha<1$），重复步骤(1)和(2)。

(3) 以步骤(2)得到的 x_i 不稳定流形上的各点为初始条件对系统数值积分，得到系统的解轨线。

(4) 如果步骤(3)所得解轨线中有收敛于 x_s 的，则 x_i 为 x_s 稳定域边界上的不稳定平衡点，否则，x_i 不是 x_s 稳定域边界上的不稳定平衡点。

5.2.2　基于流形法的动力学系统稳定域边界构造方法

目前，对系统二维流形的算法基本可归为两种：①通过初值问题求解；②通过边值问题求解。Johnson 等、Guckenheimer 等和 Doedel 等都对通过初值问题求解二维流形的算法进行了改进研究，归纳起来，这些算法都是通过不断求解初值以得到新点，最终将要求解的整个流形面覆盖，这些算法的优点是速度快，但得出的流形图不直观[206-208]。第二种方法得到的流形图直观，Krauskopf 等对此方法进行了改进分析，但求解边值速度比较慢，影响了这种方法的推广[209,210]。李清都等将初值问题和边值问题计算二维流形的方法进行合并，提出了一种既保证了计算精度又大幅度提高了计算效率的求解方法，该种方法结合了上述两种方法的优点[211-215]。随后他们将计算机并行计算方法引入二维流形计算，最终将二维流形的计算效率提高了两个量级。但对于高维流形的计算，暂没有高效且通用的方法。

本节采用基于流形法的稳定域边界构造的迭代过程如下。

(1) 利用不稳定平衡点 x_i 的稳定特征向量(含广义特征向量)张成其稳定流形在 x_i 处的稳定特征子空间(切平面)。

(2) 在切平面上以 x_i 为中心，生成半径为 r 的圆上的 N_1 个点 $\{P_{1,1},P_{1,2},\cdots,P_{1,N_1}\}$。$r$ 的取值略大于计算机的浮点计算精度，在 MATLAB 软件中取为 100 倍的浮点计算精度，$\{P_{1,1},P_{1,2},\cdots,P_{1,N_1}\}$ 即稳定流形上的初始点。

(3) 由初始点集 $\{P_{1,1},P_{1,2},\cdots,P_{1,N_1}\}$ 开始，以点 $P_{1,k}$（$k=1,2,\cdots,N_1$）为初始点对系统按时间反向积分，积分到轨线长度为 L 时停止，得到第一代轨线 $\{T_{1,1},T_{1,2},\cdots,T_{1,N_1}\}$，轨线的终点记为 $\{P_{2,1},P_{2,2},\cdots,P_{2,N_1}\}$。

(4) 检验始于相邻初始点的轨线间的距离，若距离大于 $D_{\max}$，则轨线过于稀疏，应在两轨线的初始点间插入一个初始点，积出一条新轨线。反之，若距离小于 $D_{\min}$，则轨线过于密集，应舍弃其中的一条轨线，调整后的轨线集为

$\left\{T_{1,1}, T_{1,2}, \cdots, T_{1,N_2}\right\}$，终点集为 $\left\{P_{2,1}, P_{2,2}, \cdots, P_{2,N_2}\right\}$。

(5) 重复过程(3)和(4)，由 $\left\{P_{j,1}, P_{j,2}, \cdots, P_{j,N_j}\right\}$ 迭代产生 $\left\{P_{j+1,1}, P_{j+1,2}, \cdots, P_{j+1,N_j}\right\}$ 和第 j 代轨线 $\left\{T_{j,1}, T_{j,2}, \cdots, T_{j,N_{j+1}}\right\}$，迭代次数达到 Z_{max} 时结束。

(6) 连接相邻的轨线，并将始于相邻初始点的轨线连接，形成边界面。

5.2.3　飞机开环多维稳定域求解及准确性验证

由于维数大于 3 的非线性系统稳定域可视化较为困难，且根据相关文献计算经验表明，当飞机迎角处于近失速区时，迎角 α、侧滑角 β 和偏航角速度 r 对飞机的平衡状态影响最为敏感[216,217]，因此可在 α、β 和 r 这三维空间中对飞机稳定域进行描述。

应用 5.2.2 节给出的方法对飞机结冰后的稳定域进行计算，首先根据 5.1.4 节中飞机结冰后的分叉分析结果，选取升降舵偏角 $\delta_e = -8°$ 时的平衡点计算结果进行分析，各点状态如表 5.2 所示。

表 5.2　平衡点状态($\delta_e = -8°$)

平衡点	$\alpha/(°)$	$\beta/(°)$	$p/((°)/s)$	$q/((°)/s)$	$r/((°)/s)$
A	15.71	−0.87	6.77	8.33	1.80
B	38.75	0.98	−7.55	0.62	−6.04
C	49.82	−0.20	−12.12	−16.27	−14.47

表 5.2 中，点 A 为稳定平衡点，点 B 和点 C 为不稳定平衡点，根据稳定域边界平衡点判别方法很容易看出，点 B 为点 A 的稳定域边界上的不稳定平衡点，计算结冰飞机非线性系统在点 B 处的雅可比矩阵，得出 α、β 和 r 对应的特征值 λ_1、λ_2 和 λ_3，结果显示 λ_1 和 λ_2 为负根，λ_3 为正根。

计算不稳定平衡点 B 处的稳定特征值 λ_1 和 λ_2 对应的特征向量 u_1 和 u_2，并在 u_1 和 u_2 张成的切平面上以点 B 为中心，生成半径为 R 的圆上的 N_1 个点，初始点选取过程如图 5.3 所示，后续迭代计算过程如 4.3.3 节中给出的方法，最终连接相邻的轨线，并将始于相邻初始点的轨线连接，形成边界面。

计算出算例飞机在结冰程度 $\eta = 0.2$，升降舵偏角 $\delta_e = -8°$ 下的开环系统稳定域，结果如图 5.4 所示。

为了给出稳定域的直观估计并清晰地显示其边界范围，取稳定域在不同偏航角速度 r 下的截面，结果如图 5.5 所示。

图 5.5 给出了清晰的结冰飞机稳定域边界，从图中可看出，随着偏航角速度 r 越来越远离稳定平衡点(稳定平衡点 A 处的偏航角速度 $r = 1.8°/s$)，飞机在此状态

下的稳定域越来越小。

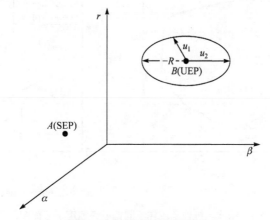

图 5.3　初始点选取示意图

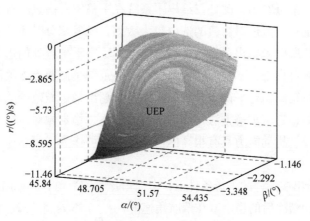

图 5.4　结冰飞机稳定域

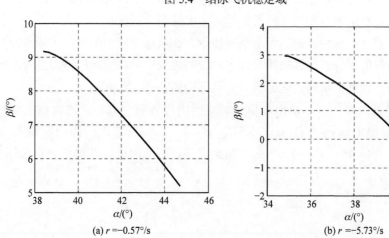

(a) $r = -0.57°/s$　　　　　　　　　　　　　　(b) $r = -5.73°/s$

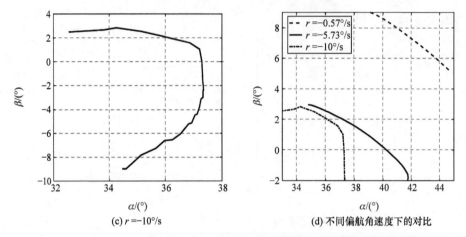

(c) $r = -10°/s$　　　　　　　　　(d) 不同偏航角速度下的对比

图 5.5　结冰飞机稳定域在不同偏航角速度下截面图及对比

从图 5.5 中可看出，此处仅给出了系统在不稳定平衡点附近的稳定域，这主要是因为系统轨线流形对初值的选取较为敏感，随着积分时间的推移，轨线偏差会越来越大，所以未给出远离稳定域边界上不稳定平衡点处的边界范围。但在研究飞机稳定域过程中，不稳定平衡点处的边界范围是需要重点关注的区域，因为此处是飞机系统离稳定平衡点且容易发生系统超出稳定域范围的敏感区域，所以基于流形法的稳定域求解方法计算出来的结冰飞机稳定域对研究飞机在结冰条件下的稳定性及抗扰动能力具有很高的借鉴意义，可作为飞机结冰后边界保护的参考依据。

图 5.6 给出在同样的飞行条件下，由迎角 α、侧滑角 β 和偏航角速度 r 构成的飞机结冰前和结冰后的稳定域在偏航角速度 $r = -5.73°/s$ 下的截面对比。从图 5.6 中可以看出，在此种结冰程度下，飞机稳定域范围有了较大程度的下降，因此研究结冰后飞机稳定域范围对飞行安全具有重要的指导意义。

稳定域验证一般可以遍历整个空间搜索，在状态空间中取大量初始点，并利用长时间的数值积分解出其轨线，判定轨线的收敛性与稳定域的结构是否一致，这种方法易于计算机实现，验证结果的可靠性高。

为了提高效率，在求解出的稳定域范围内外各随机取一点进行稳定域的验证。分别取稳定域内一点（$\alpha = 35.5°$、$\beta = 0°$、$r = -5.73°/s$）和稳定域外一点（$\alpha = 35.5°$、$\beta = 4°$、$r = -5.73°/s$）为初始点进行积分验证，其结果分别如图 5.7 和图 5.8 所示。

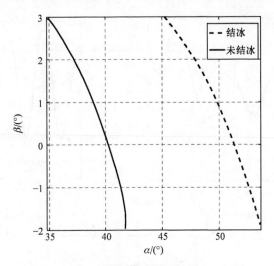

图 5.6　飞机结冰前后的稳定域变化($r=-5.73°/s$)

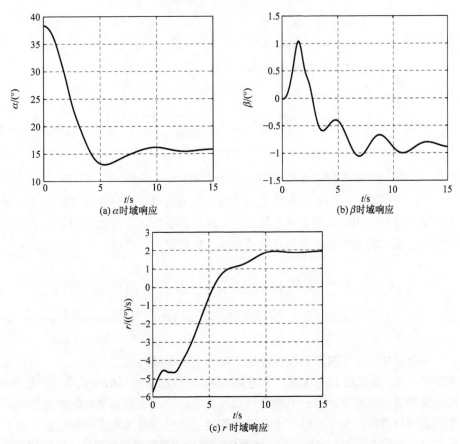

(a) α 时域响应

(b) β 时域响应

(c) r 时域响应

图 5.7　初始点在稳定域内的系统时域响应($\alpha=35.5°, \beta=0°, r=-5.73°/s$)

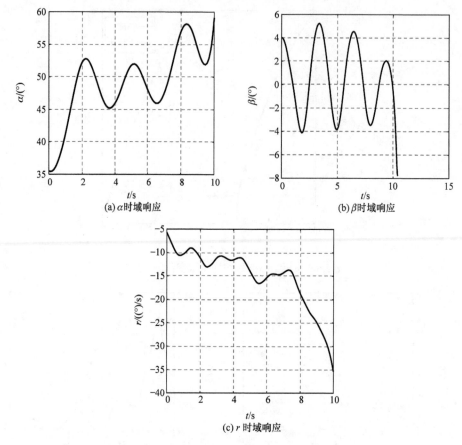

(a) α 时域响应　　　　　　　　(b) β 时域响应

(c) r 时域响应

图 5.8　初始点在稳定域外的系统时域响应($\alpha = 35.5°$, $\beta = 0°$, $r = -5.73°/s$)

从图中可看出，初始点在稳定域内的轨线最终都收敛到了稳定平衡点 A 处，而从稳定域外的初始点出发的系统各状态最终都发散了，这也证明了基于流形法的动力学系统稳定域求解方法在计算结冰飞机稳定域边界时的准确性。

5.3　考虑执行机构饱和的结冰飞机纵向闭环系统稳定域分析

平尾结冰会使飞机纵向操纵效率下降。当平尾操纵面发生结冰时，和机翼结冰原理一样，操纵面上的气流流场受到破坏，操纵面的操纵效率会受到严重影响。当操纵面缝隙发生结冰时，可能会导致舵面卡死，严重影响飞机的操纵性能，甚至导致飞行事故的发生。结冰本身就会使得飞机气动特性的非线性增强，加上飞机本身具有的舵面饱和限制，尤其是尾翼结冰后飞机舵面效率降低，舵面饱和限制值减小甚至是舵面卡死等,会进一步加剧飞机系统的非线性程度,进而引起飞机稳定性能的恶化,因此有必要研究考虑执行机构饱和的结冰飞机闭环系统稳定域。

5.3.1　平尾结冰对飞机飞行性能的影响

与结冰改变机翼气动外形原理相同,平尾结冰也会改变飞机尾翼的气动外形,使平尾的气动特性发生恶化,进而影响飞机的纵向稳定性和操纵性。平尾结冰严重时甚至会发生平尾失速,平尾失速与机翼失速的原理一样,是由平尾迎角超过了平尾的失速迎角而引起的。失速迎角可根据迎角的正负分为正失速迎角和负失速迎角,和机翼失速通常是正失速迎角不同的是,平尾失速主要由平尾负迎角小于平尾负失速迎角引起。结冰使得平尾下翼面气流分离提前,引起平尾上下翼面压差减小,导致平尾无法提供维持俯仰平衡所需的负升力,飞机机头下俯,情况严重时还会使飞机丧失俯仰操纵能力。

平尾失速会直接导致飞行事故的发生,从 20 世纪 50 年代开始,就经常有平尾结冰导致发生失速而引起的事故被报道,平尾结冰成为威胁飞机飞行安全的重要因素。根据 NASA 和 FAA 的相关数据统计,在 1976~1994 年,至少有 16 起飞行事故与平尾结冰有关,且这些事故最终导致了 139 人死亡[218]。

早在 1994 年,NASA 和 FAA 就开始启动平尾结冰的相关研究项目,并将平尾失速问题列为研究重点之一。Ratvasky 等通过 DHC-6 飞机在未结冰和结冰情况下进行飞行的数据发现,舵偏角在平尾失速中有很重要的影响因素,其他包括飞行速度、发动机推力等都对平尾失速有一定影响[219]。2003 年,Thomas 等通过对"双水獭"飞机在结冰条件下的气动导数、控制导数,特别是机翼和平尾的失速迎角进行数值仿真计算发现,平尾结冰会导致平尾舵面控制力和平尾失速迎角的异

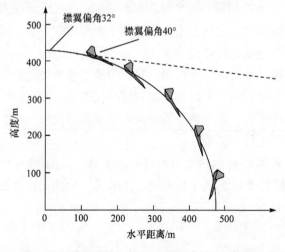

图 5.9　1977 年瑞典斯德哥尔摩的平尾结冰导致飞行事故示意图

常变化，使飞机安全性能严重下降[220]。图 5.9 为 1977 年瑞典斯德哥尔摩的平尾结冰导致飞行事故示意图[221]，当飞机襟翼偏角由 32°增大至 40°时，襟翼偏角对平尾产生的下洗角会使平尾下洗增大，加上结冰影响，使得平尾负迎角增大，飞机平尾发生失速，导致飞机低头俯冲，进而引发飞行事故。

5.3.2　考虑执行机构饱和的闭环系统模型

考虑到结冰后飞机平尾的飞机舵面效率下降、舵面缝隙结冰甚至会出现舵面卡死等现象，通过建立简化的考虑执行机构饱和的俯仰姿态跟踪任务人机闭环系统来对飞机结冰后闭环非线性稳定域变化进行研究。系统由饱和限制模块、飞机纵向动力学模型和增稳控制器等模块组成，如图 5.10 所示。

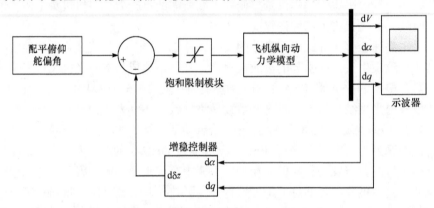

图 5.10　纵向增稳控制系统仿真模型

图 5.10 中，饱和限制模块正常限制值为±20°；飞机纵向动力学模型中的纵向通道模块主要考虑速度、迎角和俯仰角速度三个参数的影响；增稳控制器模块主要对迎角和俯仰角速度进行增稳控制。

增稳控制器通常都有一定的权限，其控制输出通常先达到权限的饱和值而不是执行机构的饱和值，当不限制增稳控制器的权限时，饱和特性由执行机构的饱和值决定。为简化研究，本节暂不限制增稳控制器的权限值，直接研究执行机构饱和对结冰飞机稳定域的影响。

一般的增稳控制器有比例反馈增稳控制和具有超前/滞后环节的增稳控制等不同结构，分别如图 5.11 和图 5.12 所示，本节采用俯仰角速度和迎角比例反馈增稳控制结构。

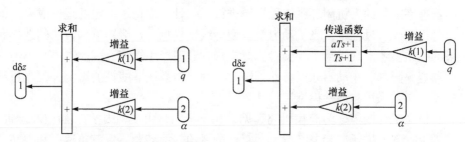

图 5.11　俯仰角速度和迎角比例反馈增稳控制　　图 5.12　具有超前/滞后环节的增稳控制

除过执行机构饱和特性外，作动器速率限制、作动器死区特性和间隙特性(图 5.13～图 5.15)等都会增加执行机构的非线性，从而对飞机系统的稳定性及稳定域产生影响。图 5.13 中，ω_a 表示死区函数的斜率；δ_c 表示作动器的输入量；δ 表示作动器的输出量；e 表示 δ_c 与 δ 的差值；e_L 表示死区发生点。

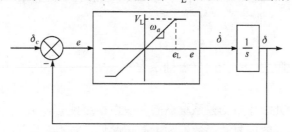

图 5.13　简化的作动器速率限制模型

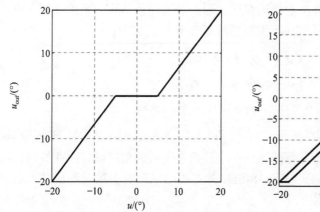

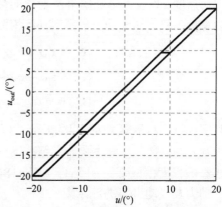

图 5.14　执行机构的死区特性　　　　　图 5.15　间隙特性的滞环现象

作者在前期曾对作动器速率限制人机闭环系统的稳定性分析和系统的稳定域估计进行了细致研究，分别应用描述函数法和绝对稳定性理论对作动器速率限制的人机闭环系统稳定性进行了分析,并基于 Lyapunov 方程和线性矩阵不等式对作动器速率限制的人机闭环系统稳定域进行了估计，取得了一定的理论成果。但在这些模型建立过程中，飞机动力学模型为线性模型，这会影响到方法的选择和结果的性质。考虑到结冰主要会对执行机构饱和值产生影响，因此本书暂不考虑作动器速率限制、作动器死区特性和间隙特性等对系统非线性的影响，但飞机动力学模型必须采用非线性模型进行计算。

设飞机为刚体，为简化研究起见，在飞机六自由度动力学方程组(2.2)和(2.4)基础上，忽略横航向相关参量，即忽略侧滑角、滚转角、偏航角速度和滚转角速度等横航向参数后，提取出飞机纵向动力学方程，以纵向常用的速度、迎角和俯仰角速度三个参数来展示飞机纵向运动的变化，其动力学方程可写为

$$\begin{cases} \dot{V} = \dfrac{1}{m}\big[-D + F_T\cos\alpha + mg\sin(\theta-\alpha)\big] \\ \dot{\alpha} = q + \dfrac{1}{mV}\big[-L - F_T\sin\alpha + mg\cos(\theta-\alpha)\big] \\ \dot{q} = M/I_y \end{cases} \quad (5.8)$$

式中，D 为飞机阻力，D 指向气流轴系 X 轴反方向；L 为飞机升力，指向气流轴系 Z 轴反方向。

本章主要研究结冰后受控系统纵向非线性稳定域的影响，气动力和气动力矩通常为多个运动参数的复杂函数。为了简化起见，暂不考虑飞行马赫数对飞机气动特性的影响，根据飞机飞行数据拟合可得到较为准确的气动数据随迎角 α、俯仰角速度 q 以及升降舵偏角 δ_e 变化的多项式形式的解析表达式，采用某型飞机作为算例飞机，其气动力学模型具体相关参数可参考文献[222]：

$$\begin{cases} C_x = x_1\alpha + x_2\alpha^2 + x_3\delta_e + x_4 \\ C_z = z_1\alpha + z_2q + z_3\alpha^2 + z_4\delta_e + z_5 \\ C_m = m_1\alpha + m_2q + m_3\alpha^2 + m_4\delta_e + m_5 \end{cases} \quad (5.9)$$

式中，多项式系数 $x_i(i=1,2,3,4)$、$z_j(j=1,2,3,4,5)$ 和 $m_k(k=1,2,3,4,5)$ 为结冰程度参数 η 的函数。本章主要研究结冰飞机在小迎角平飞时的稳定域，因此可根据结冰影响程度模型(2.24)并结合文献[118]给出的相关结冰影响参数对飞机结冰后的气动力及气动力矩进行计算。

算例飞机基本参数及飞行条件为：飞行高度 $H=10000\text{m}$，飞机质量 $m=8500\text{kg}$，飞机俯仰角 $\theta=0.175\text{rad}$。根据图 5.10 和图 5.11，系统为闭环比例反馈增稳控制模型，采用状态变量迎角 α、俯仰角速度 q 反馈实现飞机结冰前后飞机系统的增稳控制：

$$\Delta\delta_e = k_\alpha\Delta\alpha + k_q\Delta q \quad (5.10)$$

式中，k_α 和 k_q 为状态反馈系数；$\Delta\alpha = \alpha - \alpha_0$、$\Delta q = q - q_0$ 为系统状态误差；α_0 和 q_0 分别为开环系统平衡状态的迎角和俯仰角速度。

5.3.3　飞机未结冰的非线性稳定域

以未结冰飞机纵向闭环系统稳定域求解过程来说明流形法的计算过程。

(1) 计算飞机未结冰情况下开环系统的平衡点并选取合理的状态作为工作点进行稳定域的分析。本节选择稳定平衡点 A($V = 60\text{m/s}$、$\alpha = 0.13\text{rad}$、$q = 0.324\text{rad/s}$)为工作点，此工作点处升降舵偏角 $\delta_e = -0.207\text{rad}$。

(2) 对系统添加式(5.10)所示的状态反馈控制并对升降舵偏角进行饱和限制，限制值为 $\pm20°$。为满足相关设计要求，其中控制参数为 $k_\alpha = -0.9$、$k_q = -0.2$。

(3) 对步骤(2)所构成的闭环系统进行平衡点求解，结果显示除平衡点 A 外，还有一个平衡点 B($V = 74.5\text{m/s}$、$\alpha = 0.087\text{rad}$、$q = 0.469\text{rad/s}$)，经判断平衡点 A 为稳定平衡点，平衡点 B 为不稳定平衡点。

(4) 通过仿真的方法验证点 B 是否为点 A 稳定域边界上的不稳定平衡点。具体方法为：对点 B 施加小扰动量 $\Delta\alpha = 0.05\text{rad}$，看系统运动是否最终稳定在稳定平衡点 A 处。结果可证明，点 B 确实是点 A 稳定域边界上的不稳定平衡点。

(5) 通过 5.2.2 节中所给出的基于流形法的稳定边界求解方法对系统稳定域进行求解，所得稳定域即工作点 A 的稳定边界。

其结果如图 5.16 所示，从图中可以看出，工作点即稳定平衡点边界上的不稳定流形构成了平衡点的稳定边界区域，整个边界朝着包围稳定平衡点的方向发展。

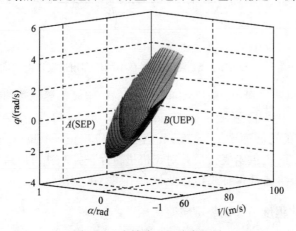

图 5.16　未结冰飞机稳定边界

为了更直观地展示稳定边界的大小和变化，将图 5.16 中的边界在不同的俯仰角速度下进行截面，其结果如图 5.17 所示。

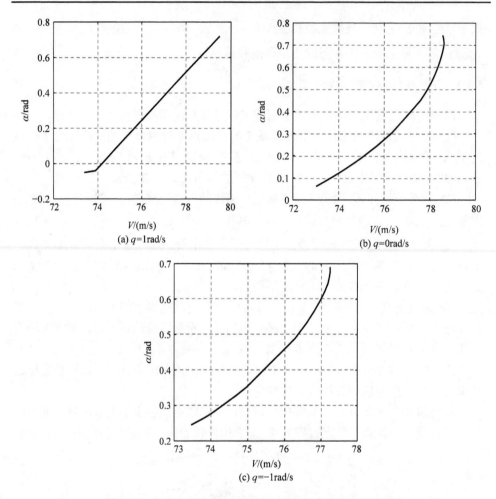

图 5.17   未结冰飞机稳定边界在不同俯仰角速度下的截面

图 5.17 中可明显看出，速度和迎角构成的稳定域边界随着俯仰角速度的变化情况，例如，俯仰角速度从 $q=1$rad/s 到 $q=0$rad/s 再到 $q=-1$rad/s 过程中，$\alpha=0.6$rad 对应的边界速度值从 78.5m/s 减小到 78.3m/s 再减小到 77m/s。如果将这些边界变化实时提供给飞行员并对飞机进行保护控制就可以避免飞机状态超出稳定域允许边界，进而保证飞机在此状态下飞行的安全性。

5.3.4   不同结冰程度下飞机稳定域变化

基于式(5.9)给出的飞机气动参数求解公式，参考文献[118]给出的飞机气动导数对结冰的敏感性 k_{iced} 值，计算结冰后飞机气动参数变化，并利用同样的方法进行不同结冰情况下系统的稳定域计算。计算过程中，始终让飞机的工作状态保持在未结冰的状态，即 A 点（$V = 60\text{m/s}$、$\alpha = 0.13\text{rad}$、$q = 0.324\text{rad/s}$），当然不同结冰条件下，需要不同的升降舵偏角来进行匹配。飞机在相同的工作点但不同结冰程度下飞行，其边界上都仅存在一个不稳定平衡点，根据计算可发现在未结冰情况下的边界不稳定平衡点为 B（$V = 74.5\text{m/s}$、$\alpha = 0.087\text{rad}$、$q = 0.469\text{rad/s}$）；当结冰程度 $\eta = 0.25$ 时，不稳定平衡点变化到 $V = 74.4\,\text{m/s}$、$\alpha = 0.086\text{rad}$、$q = 0.465\text{rad/s}$；当结冰程度进一步严重到 $\eta = 0.4$ 时，不稳定平衡点变化到 $V = 74.2\,\text{m/s}$、$\alpha = 0.084\,\text{rad}$、$q = 0.46\text{rad/s}$。仅从稳定平衡点边界上不稳定平衡点的变化来看，随着结冰程度的增强，不稳定平衡点逐步向稳定平衡点靠近。其稳定域变化如图 5.18 所示。

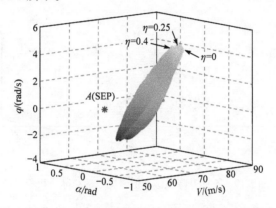

图 5.18　不同结冰程度下飞机稳定边界

从图 5.18 中可看出，随着结冰程度的加剧，即结冰程度 η 从 0 到 0.25 再到 0.4 的变化过程中，稳定域逐渐收缩，稳定边界逐渐接近平衡点。当飞机结冰程度逐渐增大时，由迎角、速度和俯仰角速度构成的边界逐渐靠近工作点。如果飞机受到一定程度的扰动，使飞机状态超出稳定域范围，飞机会远离工作点而发生失稳，尤其是在飞机结冰程度增大到一定程度后，其边界会离工作点越来越近，这样一个微小的扰动也会使飞机状态发散，从而严重威胁飞机安全。

5.3.5　不同舵面饱和值情况下结冰飞机稳定域

在 5.3.2 节中所给出的飞机纵向增稳控制闭环系统中，俯仰舵偏角的饱和限制模块的正常限制值为 ±20°。在机翼结冰情况下，飞机的气动参数会发生变化，进而影响尾翼和升降舵的气动参数及效率，如果尾翼发生结冰，尤其是在舵面上产生结冰，不仅会降低舵面效率，严重的还会导致舵面饱和值减小或舵面卡死，这些情况会严重威胁飞机飞行安全，甚至导致飞机坠毁。

根据相关研究，结冰程度可以进行在线相关识别估计[223]，因此假设在已知结冰情况并导致舵面饱和值减小的情况下，应用流形理论对飞机结冰情况下的稳定域进行求解，以提出在结冰且舵面饱和值减小情况下飞机稳定域求解方法，为在发生这种情况下飞行安全保护提供相应参考和预警。

继续选择 A 点（$V=60\,\text{m/s}$、$\alpha=0.13\,\text{rad}$、$q=0.324\text{rad/s}$），根据流形法计算飞机在此工作点下未结冰、结冰程度 $\eta=0.25$ 和在此结冰程度下俯仰舵偏角的饱和限制值由 $\pm20°$ 变为 $\pm15°$ 三种情况下的稳定域变化，其结果如图 5.19 所示。

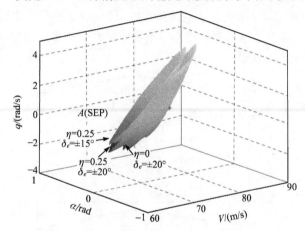

图 5.19　不同升降舵饱和值情况下的结冰飞机稳定域

从图 5.19 中可以看出，结冰引起的稳定域减小如果再加上俯仰舵饱和值减小，会进一步加剧飞机稳定域的缩小，从而更容易发生失稳，其所允许的扰动会进一步减小，这些都是在飞行过程中需要格外引起注意的。

上述分析中可以看出，结冰程度及舵面值都会引起飞机稳定域的变化，而本章选择的结冰模型是比较通用的典型结冰模型。实际过程中结冰程度需要实时监控，其引起的气动参数变化和相关舵面限制变化都需要进一步深入考虑，但从分析中可看出，结冰程度和舵面饱和值是影响飞机稳定变化的关键，因此需要引起格外关注。

5.3.6　流形法求解闭环稳定域的时域验证

流形法求解的结冰飞机稳定域的准确性十分重要，可以通过对系统的时域仿真进行验证。本章对飞机未结冰且舵面饱和值未变化情况下求解的稳定域进行验证，分别从稳定域内、外某一初始点出发进行零输入状态仿真，通过观察两者响应的收敛与发散情况判断系统的稳定性。

首先以图 5.8 中的不稳定平衡点 B 加上向域内发展的小扰动，即 $\Delta\alpha=0.02\text{rad}$ 为初始状态，计算纵向闭环稳定控制系统的响应，结果如图 5.20 所示。

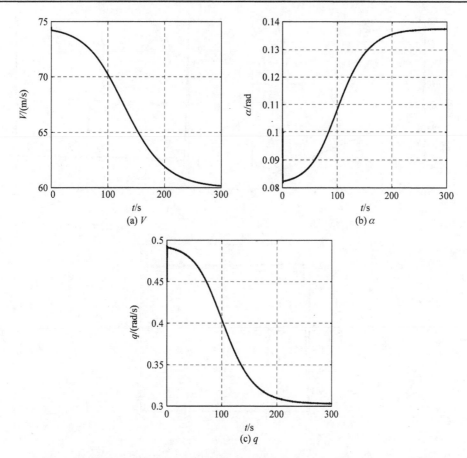

图 5.20 系统纵向运动零输入响应(初始点 $V=74.5\text{m/s}$, $\alpha=0.107\text{rad}$, $q=0.469\text{rad/s}$)

从图 5.20 中可明显看出,从稳定域内离稳定域边界很近的点出发,最终飞机各状态都会恢复到稳定平衡点处,即 A 点($V=60\text{m/s}$、$\alpha=0.13\text{rad}$、$q=0.324\text{rad/s}$)。

另选取稳定域内离稳定域边界较远而离稳定平衡点 A 较近的一点($V=69.4\text{m/s}$、$\alpha=0.136\text{rad}$、$q=0.365\text{rad/s}$)为初始点,其响应结果如图 5.21所示。

从图 5.21 中可看出,在稳定域内任取的点,最终飞机各状态都会恢复到稳定平衡点处,即 A 点($V=60\text{m/s}$、$\alpha=0.13\text{rad}$、$q=0.324\text{rad/s}$)。但是,由于稍微远离了稳定域边界,其恢复到稳定平衡点处的时间急剧减少,这也说明如果需要使飞机在受扰后快速恢复稳定状态,不仅要保证飞机扰动不至于使飞机状态超出稳定边界,还要尽可能靠近稳定平衡点。这可通过对飞机某些参数进行物理限制或及时预警来实现。

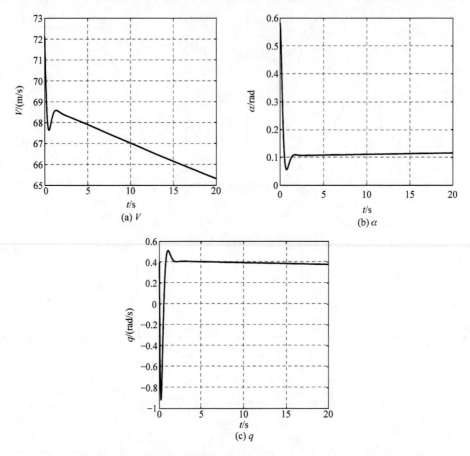

图 5.21　系统纵向运动零输入响应(初始点 $V = 69.4\,\text{m/s}$, $\alpha = 0.136\text{rad}$, $q = 0.365\text{rad/s}$)

在所求稳定域外任取一点为初始点来验证飞机状态变化，其结果如图 5.22 所示。

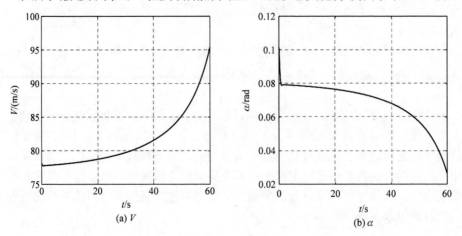

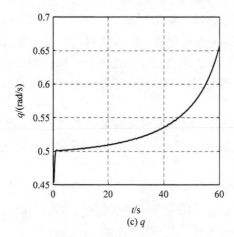

图 5.22　系统纵向运动零输入响应(初始点在稳定域外)

从图 5.22 中可以看出，从稳定域范围外出发，随着时间的推移，速度、迎角和俯仰角速度都发散了，这也正说明了考虑多因素对结冰飞机稳定性影响的重要性。

图 5.20～图 5.22 的结果说明了基于流形法确定的稳定域的准确性，进而说明考虑执行结构饱和对结冰飞机的非线性稳定域具有很大影响，因此结冰和执行机构饱和对飞行安全的影响在飞机飞行过程中都要引起重视。

5.4　本章小结

本章首先在飞机五维动力学模型的基础上，通过对飞机结冰后的气动特性进行相应的非线性插值修正，建立了结冰条件下飞机开环非线性系统模型，并应用分叉分析方法对结冰飞机的平衡面变化进行了求解分析，给出结冰飞机平衡点随着升降舵偏角的变化规律。其次在取得平衡点的基础上，应用基于流形法的稳定域构建方法，对结冰飞机开环系统稳定域进行了计算，给出了较为精确的稳定域范围。然后基于飞机纵向动力学模型，在考虑执行机构饱和与结冰影响的情况下，建立了结冰条件下飞机纵向闭环增稳控制模型，基于流形法求解了由速度、迎角和俯仰角速度构成的飞机纵向闭环非线性稳定域，并分析了结冰、饱和值减小等情况对稳定域的影响规律。最后针对稳定域内外的不同初始状态，进行了零输入响应的时域仿真，验证了流形法确定的稳定域的有效性。本章所得结论主要如下。

(1) 通过对飞机结冰前后的平衡点分叉分析进行对比，飞机结冰后最大稳定迎角会有一定程度的减小，且同一升降舵偏角下，稳定平衡点到不稳定平衡点之间的范围减小，但仅通过分叉分析，即对平衡点的稳定分析仅能分析系统的局部稳定性，因此需要确定结冰飞机稳定域。

(2) 基于流形法的飞机稳定域构造方法可以对飞机在结冰和非结冰状态下非线性稳定域进行有效估计，且适用于考虑执行机构饱和等非线性闭环系统。相对于传统方法，其不仅提高了求解的时效性，而且对多维耦合非线性系统的稳定域有很好的适用性。

(3) 对比结冰前后的飞机非线性稳定域变化可发现，结冰飞机稳定域有较大程度下降，因此研究结冰条件下的飞机稳定域变化以保证飞机在结冰情况下的安全飞行具有重要意义。

(4) 如果飞机飞行过程中发生结冰使舵面效率降低，甚至在缝隙结冰出现舵面卡滞，则需要考虑这些原因带来的饱和值减小而引起的稳定域变化，这样可进一步全面综合分析结冰飞机稳定域变化情况。

相对于前面给出的相平面法及 Lyapunov 函数法，基于流形法的稳定域求解可用于系统高维非线性稳定域边界的求解，对飞机高维非线性及结冰后的开环、闭环系统都有很好的适用性。相对于传统的 Lyapunov 函数稳定域求解方法，基于流形法的稳定域求解方法可充分展示出飞机结冰后的稳定域范围，改善了 Lyapunov 函数稳定域求解方法的保守性。本章所得结论可为结冰飞机安全边界保护提供参考，后续可继续提高飞机系统维数，并进一步完善结冰影响对飞机气动特性影响的模型，这样在飞机实时飞行过程中可提供更为全面和准确的稳定边界。

从分析结果可看出，结冰对飞机稳定性有较大影响，如果要在结冰情况下使飞机继续保持稳定安全飞行，必须求解出飞机在某一结冰情况下的稳定域，从而给飞行员提示和预警，保证飞机始终在安全范围内飞行。如何将求解的结冰飞机稳定域边界以解析形式快速便捷地提供给飞机系统及飞行员，以保证系统采取相关措施对飞机稳定边界进行保护，是需要进一步解决的问题。

第6章 基于正规形法的结冰飞机着陆阶段非线性稳定域确定

为求解结冰飞机高维非线性稳定域，并给出边界的多项式形式的解析表达，根据第3章给出的基于正规形法构造稳定域边界的理论基础，本章使用正规形法求解结冰飞机高维非线性稳定域，并将其应用到结冰对飞行着陆阶段的影响以及安全边界变化相关问题的分析研究中。本章首先给出高阶多项式形式的非线性映射的求解方法，在考虑气动特性非线性的飞机非线性动力学模型基础上，基于正规形法[180-186]给出便于计算机实现的高阶非线性映射求解系统稳定边界的方法，提出利用边界参数来判断系统状态是否位于稳定域内的相关方法，并利用高阶正规形法求解系统的稳定边界，对方法的有效性和正确性进行验证。然后在此基础上分析结冰因子变化对飞机稳定边界的影响，并根据其对稳定域的影响程度定义飞机轻度结冰和重度结冰的结冰因子范围。最后利用稳定边界及参数研究分析着陆阶段拉平减速过程中飞机轻度结冰和重度结冰情况对飞行安全的威胁，并对稳定域边界优化控制进行研究。

6.1　基于正规形法的稳定域确定方法

结合 3.3.4 节给出的基于正规形法构造稳定域边界的理论基础，首先给出应用正规形法求解系统非线性稳定域的方法及稳定域边界表现形式。

6.1.1　多项式形式的非线性映射构造

设系统(3.1)的平衡点满足双曲特性，则存在同胚非线性映射使非线性系统(3.1)映射为线性系统：

$$\dot{z} = J_r z \tag{6.1}$$

式中，z 与 x 具有相同的维数；J_r 为非线性系统(3.1)在不稳定平衡点的雅可比矩阵 A 的 Jordan 标准型，即矩阵 A 与 J_r 满足如下表达式：

$$\begin{cases} J_r = P^{-1}AP \\ A = \dfrac{\partial f}{\partial x} \end{cases} \tag{6.2}$$

式中，矩阵 P 为矩阵 A 的特征向量矩阵。

根据正规形法，非线性系统(3.1)映射为线性系统(6.1)的具体过程如下。

(1) 将非线性系统(3.1)在不稳定平衡点处进行泰勒级数展开，使其转变为多项式形式的非线性系统：

$$\dot{x} = Ax + \sum_{i=2}^{m} h_x^i(x) \tag{6.3}$$

式中，h_x^i 为 x 的 i 阶多项式。

(2) 利用线性映射 $x = Py$ 将系统(6.3)映射为

$$\dot{y} = J_r y + \sum_{i=2}^{n} h_y^i(y) \tag{6.4}$$

式中，h_y^i 为 y 的 i 阶多项式。

(3) 构造高阶多项式形式的非线性映射：

$$y = z + \sum_{i=2}^{n} h_z^i(z) \tag{6.5}$$

式中，h_z^i 为 z 的 i 阶多项式，用 a^i 表示 h_z^i 的 i 次项系数。

通过非线性映射式(6.5)可将系统(6.4)映射为线性系统(6.1)。

整个过程流程如图 6.1 所示。

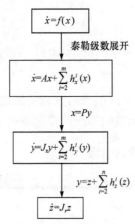

图 6.1　非线性映射流程图

6.1.2　非线性映射的求解

下面利用待定系数法求解非线性映射式(6.5)的系数。

结合式(6.1)，取式(6.5)对时间 t 的导数，可得

$$\dot{y} = J_r z + \frac{\partial \sum\limits_{i=2}^{n} h_z^i(z)}{\partial z} J_r z \tag{6.6}$$

式(6.5)代入式(6.4)可得

$$\dot{y} = J_r \left[z + \sum\limits_{i=2}^{n} h_z^i(z) \right] + \sum\limits_{i=2}^{n} h_y^i \left[z + \sum\limits_{i=2}^{n} h_z^i(z) \right] \tag{6.7}$$

联立式(6.6)和式(6.7)可得恒等式:

$$\Delta = J_r \sum\limits_{i=2}^{n} h_z^i(z) - \frac{\partial \sum\limits_{i=2}^{n} h_z^i(z)}{\partial z} J_r z + \sum\limits_{i=2}^{n} h_y^i \left[z + \sum\limits_{i=2}^{n} h_z^i(z) \right] \equiv 0 \tag{6.8}$$

令

$$H_z = \sum\limits_{i=2}^{2n} H_z^i = \sum\limits_{i=2}^{n} h_y^i \left[z + \sum\limits_{i=2}^{n} h_z^i(z) \right] \tag{6.9}$$

$$\begin{aligned}
\bar{H}_z = \sum\limits_{i=2}^{2n} \bar{H}_z^i &= J_r \sum\limits_{i=2}^{n} h_z^i(z) - \frac{\partial \sum\limits_{i=2}^{n} h_z^i(z)}{\partial z} J_r z \\
&= \sum\limits_{i=2}^{n} \left[J_r h_z^i(z) - \frac{\partial h_z^i(z)}{\partial z} J_r z \right]
\end{aligned} \tag{6.10}$$

通过分析发现, H_z 的二次项 H_z^2 的系数与式(6.5)系数 a^i 无关; 而三次项 H_z^3 的系数仅与 a^2 相关; 以此类推可知 k 次项 H_z^k 的系数与 a^i ($i=2,3,\cdots,k-1$) 相关。同理可知, $\bar{H}_z$ 的 k 次项 $\bar{H}_z^k$ 的系数与 a^i ($i=2,3,\cdots,k$) 相关。用 b^i 表示 Δ 的 i 次项系数, 综上可知, Δ^k 的系数 b^k 可表示 a^i (($i=2,3,\cdots,k$)) 的函数:

$$\begin{cases} b^k = g(a^2, a^3, \cdots, a^k), & k = 3, 4, \cdots, n \\ b^2 = g(a^2), & k = 2 \end{cases} \tag{6.11}$$

根据式(6.11)可知, 式(6.5)的二次项系数 a^2 可通过解线性方程组 $b^2 = 0$ 得到; 得到二次项系数 a^2 后系统的三次项系数 a^3 可通过解线性方程组 $b^3 = 0$ 得到; 以此类推便可得到式(6.5)所有项的系数, 其求解流程如图 6.2 所示。

通过构造和求解非线性映射的过程可知, 非线性映射具有统一的表达形式, 且求解过程具有一定的程式化, 便于计算机编程求解。

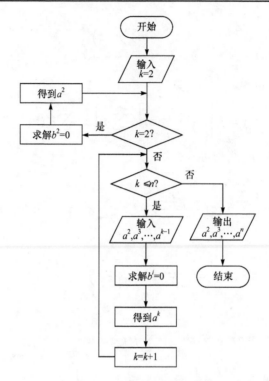

图 6.2　多项式系数求解流程图

6.1.3　稳定域边界的表现形式

考虑线性系统(6.1)，由于状态矩阵为对角形式，所以每一特征值对应的特征向量 $P_i(i=1,2,\cdots,N)$ 有且仅有一个非零元素，即

$$P_i = (0,\cdots,1_{(i)},\cdots,0) \tag{6.12}$$

设 J_r 具有负实部特征值为 $\lambda_1,\lambda_2,\cdots,\lambda_{N_1}$，特征值对应的特征向量为 $\zeta_1,\zeta_2,\cdots,\zeta_{N_1}$；具有正实部特征值 $\lambda_1,\lambda_2,\cdots,\lambda_{N_2}$，特征值对应的特征向量为 $\eta_1,\eta_2\cdots,\eta_{N_2}$，且 $N_1+N_2=2$，那么线性系统(6.1)的不变稳定子空间由向量 $\zeta_1,\zeta_2,\cdots,\zeta_{N_1}$ 张成，不稳定子空间由 $\eta_1,\eta_2,\cdots,\eta_{N_2}$ 张成。根据不同特征值对应特征向量正交的特点可得特征向量 $\eta_j(j=1,2,\cdots,N_2)$ 与稳定子空间的每一特征向量 $\zeta_i(i=1,2,\cdots,N_1)$ 正交：

$$\zeta_i^{\mathrm{T}}\eta_j = 0, \quad i=1,2,\cdots,N_1; j=1,2,\cdots,N_2 \tag{6.13}$$

因此，特征向量 η_j 与系统稳定子空间的向量 z 正交：

$$z^{\mathrm{T}}\eta_j = 0, \quad j=1,2,\cdots,N_2 \tag{6.14}$$

结合式(6.12)可知式(6.14)等效为

$$z_j = 0, \quad j = 1, 2, \cdots, N_2 \tag{6.15}$$

所以，线性系统的稳定子空间(稳定流形)可表示为式(6.15)形式的 N_2 维超曲面。因此，结合式(6.5)、式(6.15)和线性映射 $x = Py$ 可得非线性系统(4.1)在不稳定平衡点的稳定流形为

$$w^s(x_{\text{sep}}) = \begin{cases} x - P\left[z + \sum_{i=2}^{n} h_z^i(z)\right] = 0 \\ z_j = 0, \quad j = 1, 2, \cdots, N_2 \end{cases} \tag{6.16}$$

式中，w^s 为给出解析表达式稳定流形，以与第 4 章中给出的稳定流形符号 W^s 相区别。

根据定理 4.2 稳定平衡点的稳定边界是由位于稳定边界上不稳定平衡点的稳定流形的并集构成可知，通过对系统(3.1)稳定平衡点 SEP 稳定边界上所有不稳定平衡点进行分析便可得到系统的稳定边界。

令 $w(x)$ 满足如下表达式：

$$\begin{cases} w(x) = \prod_i w^{(i)}(x) \\ w^{(i)}(x) = \begin{cases} x - P\left[z + \sum_{i=2}^{n} h_z^i(z)\right] \\ z_j = 0, \quad j = 1, 2, \cdots, N_2 \end{cases} \end{cases} \tag{6.17}$$

则可通过边界参数 $w(x)w(x_{\text{sep}})$ 判断系统状态是否为稳定平衡点吸引区内的状态。如果 $w(x)w(x_{\text{sep}}) = 0$，则系统状态 x 位于稳定平衡点 SEP 稳定边界上；如果 $w(x)w(x_{\text{sep}}) > 0$，则系统状态 x 位于稳定平衡点 SEP 吸引区内；如果 $w(x)w(x_{\text{sep}}) < 0$，则系统状态 x 位于稳定平衡点 SEP 吸引区外。

6.2 着陆阶段结冰飞机的稳定域研究

1994 年 10 月 31 日，当地时间下午 4 点左右，一架执行从印第安纳波利斯到芝加哥的 ATR72 飞机(航班号 4184)，在即将到达芝加哥奥黑尔国际机场时，飞机高度下降，在此过程中飞机发生坠毁，机上包括四名机组人员在内的 68 人全部遇难。当时奥黑尔国际机场区有阵风和大雨，飞机刚开始在等待航线飞行，随后空管批准飞机可以从 10000ft 的高度下降到 8000ft。但当飞机开始向奥黑尔国际机场下降高度时，襟翼位置固定在 15°引起飞机超速报警，驾驶员便把襟翼位置减小到 10°，然而飞机紧接着就失去控制，进入倒飞状态栽在地面坠毁。飞机在下降高度前已经在结冰气象条件下等待了 37min，期间自动驾驶仪一直处于接通状态，

在下降高度时，飞行员将襟翼收起，自动驾驶仪断开，飞机发生滚转。

　　结冰导致飞机的升力系数下降，并使升降舵的操纵效率降低，失速速度提高，因而飞机着陆时的进场速度也会增大，如果平尾还发生结冰，则平尾配平难度增加，给着陆操纵带来了不利影响。如果为减小着陆速度，通过放下襟翼以增加升力，则平尾处的下洗会更加严重，使飞机产生附加的抬头力矩。在这些情况下，驾驶员易出现推杆误操纵，引发飞机出现危险甚至失事。据统计，飞机在着陆阶段由结冰引起的飞行事故约占结冰总事故数的 1/3，因此结冰对飞机着陆性能的影响不容忽视。

　　以 5.3 节中所用算例飞机为研究对象，利用 5.3.2 节中给出的闭环系统结构、飞机纵向非线性动力学模型和多项式形式的空气动力学模型，对飞机着陆下降阶段结冰飞机的稳定域变化及运动特性进行分析。初始飞行条件为：飞行高度 $H = 10000\text{m}$，飞机俯仰角 $\theta = -0.035\text{rad}$。但为了更好地体现低速着陆阶段的特点，应考虑增升装置对运输机气动特性的影响，故选择襟翼偏角为 30° 的情况进行仿真模拟。

6.2.1　高阶正规形法估计稳定边界的有效性验证

　　高阶正规形法以流形法为基础，为说明高阶正规形法的正确性，首先给出基于流形法估计非线性系统稳定域的准确性，仿真结果如图 6.3 所示。

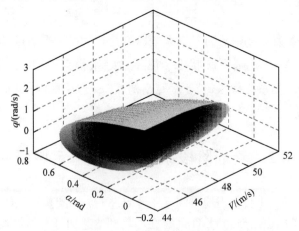

图 6.3　流形法有效性验证

　　图 6.3 为基于流形法得到的稳定边界与相同情况下系统真实边界的对比，用于证明流形法估计系统稳定边界的有效性。其中，曲面为流形法估计的稳定边界形状；图 6.3 中黑色点是通过仿真方法得到的系统在特定范围内位于稳定域内或边界上的点，可准确地反映出系统边界的位置和形状及系统稳定域的真实情况。

稳定域内所用黑色点均位于流形法计算得到的稳定边界或包含于流形法的稳定边界内，因此可说明利用流形法估计稳定边界是有效的，且估计的边界具有较高精度。由于正规形法估计的稳定域在多项式阶数达到一定水平时(有效阶数)将无限趋近于流形理论估计的稳定域，所以可以说明利用高阶正规形法估计系统稳定域是有效的。下面以流形法估计的稳定域作为参照，利用仿真的手段通过逐渐增加非线性映射阶数的法确定利用正规形法有效且较为精确的估计该系统稳定域的阶数。仿真结果如图 6.4 和图 6.5 所示。

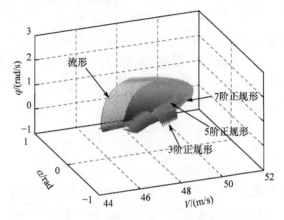

图 6.4　高阶正规形法估计稳定域的有效阶数确定

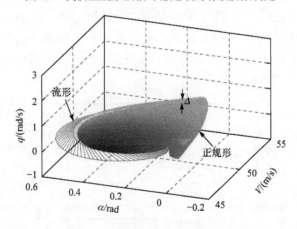

图 6.5　7 阶正规形法估计的稳定域

图 6.4 为正规形估计的稳定边界随多项式阶数变化情况,图 6.5 为 7 阶正规形法估计的稳定边界与流形法估计的稳定边界的对比。综合考虑图6.4和图6.5可知,多项式阶数越高,正规形法估计的稳定边界越接近真实情况,对于本章情况 7 阶正规形法估计的稳定边界与系统真实边界情况基本吻合,因此后面将采用 7 阶正

规形法对结冰飞机的稳定边界变化及运动情况进行分析。

6.2.2　不同结冰程度对飞机稳定域的影响

首先，计算未结冰飞机本体系统的平衡点，并选取符合飞机的飞行的情况，且满足低速着陆状态要求的平衡状态作为工作点进行稳定域的分析，选择(47.00, 0.1565,0.1705)为工作点，该点的特征值为

$$\lambda_{1,2} = -0.5997 \pm 2.2490i$$

$$\lambda_3 = -0.0978$$

通过计算发现此状态下系统的阻尼比ζ=0.2577较小，不满足国军标 GJB185—1986《有人驾驶飞机(固定翼)飞行品质》起降设计要求(该背景飞机采用放宽静稳定度技术)，因此利用式(5.5)对系统进行增稳控制补偿设计。通过设计可得控制参数为$k_\alpha = -0.8$、$k_q = -0.3$，此时工作点特征值为

$$\lambda_{1,2} = -1.500 \pm 1.8237i$$

$$\lambda_3 = -0.0396$$

此时阻尼比ζ=0.6357满足设计标准。

其次，计算受控系统的平衡点并利用系统的雅可比矩阵 A 的特征值判断平衡点的稳定性质。未结冰飞机在该工作点下存在两个平衡点 A(47.00,0.1565,0.1705) 和 B(48.68,0.1252,0.1909)，通过上述方法可判断点 A 为稳定平衡点 SEP，点 B 为不稳定平衡点 UEP1。下面通过仿真的方法验证该 UEP1 为 SEP 边界上的不稳定平衡点，具体方法为对 UEP1 施加小扰动量 $\Delta\alpha$=0.05rad，如果系统运动稳定在 SEP，则可证明 UEP1 为 SEP 边界上的不稳定平衡点，否则 UEP1 不在 SEP 边界上，仿真结果如图 6.6 所示。

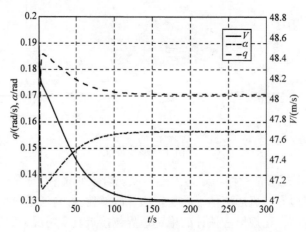

图 6.6　扰动后动态响应曲线

图 6.6 为在 UEP1 添加扰动后系统状态 x 的动态响应图，可知添加扰动后系统动态 x 趋近于 SEP，因此可以证明 UEP1 为 SEP 边界上的不稳定平衡点。利用同样的方法计算受控飞机在相同的工作点 SEP，不同结冰程度下的平衡点，并判断平衡点的稳定性。通过计算发现系统的稳定平衡点 SEP(47.00,0.1565,0.1705) 保持不变，且在其边界上都仅存在一个不稳定平衡点，UEP 计算结果如表 6.1 所示。

表 6.1　不同结冰程度的 UEP

η	UEP	$V/(m/s)$	α/rad	$q/(rad/s)$
0	UEP1	48.68	0.1252	0.1909
0.07	UEP2	48.40	0.1297	0.1875
0.12	UEP3	48.20	0.1331	0.1851
0.20	UEP4	47.88	0.1387	0.1814

最后，利用 7 阶正规形法求解结冰飞机在不同结冰情况的稳定边界，即 UEP 的稳定流形。根据 6.1.3 节内容可得结冰飞机不同结冰程度的稳定边界表达式 $w^s(x_{sep})$，由于此过程通过计算机编程实现，故在此不再进行详细说明，具体结果如图 6.7 和图 6.8 所示。

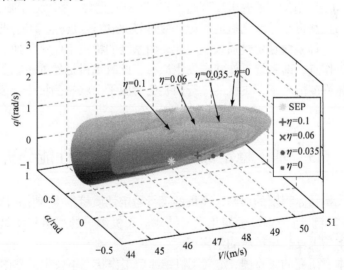

图 6.7　结冰程度对飞机稳定域的影响

图 6.7 为结冰飞机稳定域随结冰程度的变化情况，随着结冰程度的加剧，稳定域逐渐收缩，稳定边界下边缘逐渐接近平衡点，且结冰飞机稳定边界具有相似结构。

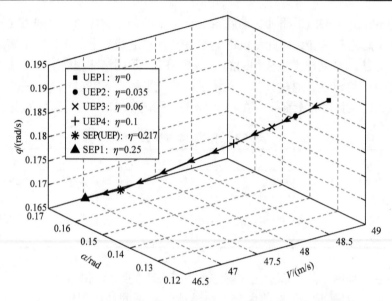

图 6.8　结冰程度对 UEP 的影响

　　图 6.8 为系统 UEP 随结冰程度的运动情况, 随着结冰程度的加剧, UEP 逐渐接近 SEP, 且当结冰程度 $\eta=0.217$ 时, UEP 与 SEP 重合, 系统处于临界稳定状态, 此时微小的扰动将会导致飞机的失稳; 继续增加结冰程度($\eta>0.217$), 此时系统 SEP 转变为 UEP, 即系统稳定性质发生变化, 而系统的稳定工作点沿速度减小方向逐渐远离原工作点, 即系统工作状态发生漂移, 此时飞机仍然处于临界稳定状态, 但在此结冰程度情况下, 飞机的飞行因丧失对原平衡状态的抗干扰能力而显得十分危险。

6.3　基于稳定域的结冰飞机动态性能分析

　　随着飞机结冰程度的加剧, 飞机的飞行稳定性质将发生变化, 因此根据结冰飞机飞行稳定性质是否发生变化定义结冰对飞机影响的严重程度具有一定的意义, 也从本质上反映出结冰的危害程度。

　　对于本章研究的飞行器, 定义飞机结冰后工作状态不发生漂移(SEP 不变、飞行稳定性质不变)的情况为轻度结冰情况, 此时结冰因子 $\eta<0.217$; 定义结冰飞机工作状态发生漂移(SEP 转变为 UEP、飞行稳定性质发生变化)的情况为严重结冰情况, 此时结冰因子 $\eta>0.217$。下面利用高阶正规形法给出两种结冰情况对飞行安全的威胁。

6.3.1　飞机轻度结冰情况

以着陆阶段飞机轻度结冰为例，分析轻度结冰的危害，选择结冰因子 $\eta=0.1$ 进行分析。根据 6.2.2 节分析可知，飞机轻度结冰后，工作点 SEP 不会发生漂移，即飞机仍能保持原工作状态不变，但如果此时驾驶员增加杆力使飞机快速改平，则飞机将面临失速危险，其飞行仿真结果如图 6.9 所示。

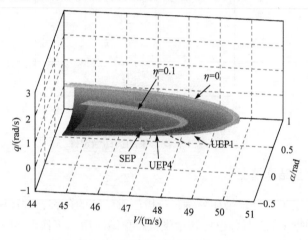

图 6.9　轻度结冰后飞行动态

如图 6.9 所示，为着陆拉平减速阶段飞机轻度结冰后的运动情况。图 6.9 中实线为未结冰飞机的运动情况，而对于轻度结冰飞机，相同的操纵情况下使结冰飞机的运动情况首先沿实线运动后继续沿虚线运动，最终导致飞机失稳。其原因是相同的操纵情况对于未结冰飞机，运动状态始终位于稳定域范围内，而对于轻度结冰($\eta=0.1$)飞机，运动状态穿越其稳定域，飞机进入不稳定飞行状态，若不采取措施最终将导致飞行事故。综上所述，轻度结冰导致飞机非线性稳定域缩小、系统动态稳定性变差、抗干扰能力减弱、可操纵性变差。

下面给出高阶正规形法中相关参数 $w(x)w(x_{sep})$ 对飞行状态稳定性判断的方法。

图 6.10 为飞行过程中参数 $w(x)w(x_{sep})$ 的变化情况，根据 6.1.3 节所述，对于未结冰飞机，飞行过程中始终满足 $w(x)w(x_{sep})>0$，因此未结冰飞机的飞行是安全稳定的；对于轻度结冰($\eta=0.1$)飞机在临界稳定时间 t_c 以前参数 $w(x)w(x_{sep})>0$，而当飞行时间 $t>t_c$ 时，参数 $w(x)w(x_{sep})<0$，飞机进入不稳定飞行状态，若不采取措施最终将导致飞行事故。综上可知，利用参数 $w(x)w(x_{sep})$ 的飞行稳定性分析结果与利用正规形法绘制稳定域的直观分析方法相同，而参数 $w(x)w(x_{sep})$ 给出了运动状态与稳定域边界之间的定量关系，分析过程不需借助图像，方法简单。

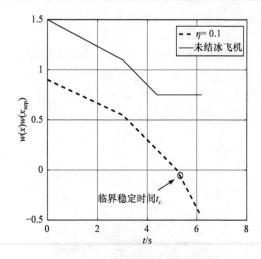

图 6.10　基于正规形法的运动稳定性分析

6.3.2　飞机严重结冰情况

以着陆阶段飞机严重结冰为例，分析严重结冰的危害，选择结冰程度 $\eta=0.25$ 进行分析。根据 6.2.2 节分析可知，飞机严重结冰后，工作点 SEP 会发生漂移，原工作点处于临界稳定状态，即飞机很难维持原工作状态，飞机受微小扰动将进入失稳或趋近于另一平衡状态，但如果飞机经扰动后系统进入稳定工作状态，由于工作点发生漂移，为保持原有工作状态，飞行员将进行相应的操纵，此时的操纵将成为飞机失稳的致命因素，上述情况的飞行仿真结果如图 6.11 所示。

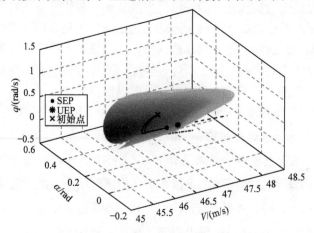

图 6.11　严重结冰后飞行动态

图 6.11 为飞机严重结冰后，经不同扰动后的飞行动态。图 6.11 中 UEP 为不稳定平衡点，SEP 为严重结冰后飞机的稳定平衡点。虚线为扰动后状态位于稳定

域外时飞机的运动情况，由于状态位于稳定域外，飞机在此后的运动将迅速失稳；实线为扰动后状态位于稳定域内飞行员不进行操纵时飞机的运动情况，此时飞机将改变工作状态进入新的稳定情况；点画线为扰动后状态位于稳定域内飞行员进行操纵时飞机的运动情况，由于新的状态变化较大，飞行员进行操纵以保持原飞行状态，此时飞机运动状态穿越稳定域，飞机将面临失速的危险。利用参数 $w(x)w(x_{\text{sep}})$ 对严重结冰危害的分析过程与轻度结冰类似且同样可以得到上述结论，在此不进行重复说明。

综上所述，在严重结冰情况下，飞机受到小扰动后，飞机将面临失速的危险，原因是严重结冰导致飞机在该工作点的稳定性质发生变化，恶化了系统的动态稳定性能，使系统丧失了在原平衡状态的抗干扰能力且可操纵范围大大缩小。

6.4　稳定边界优化控制

前面分析提到当飞行时间 $t > t_c$ 时，参数 $w(x)w(x_{\text{sep}}) < 0$，飞机进入不稳定飞行状态，此时如果要保证飞机飞行安全，就必须采取措施使飞机状态重新处于稳定边界内。具体方法可通过计算系统对不同控制器参数的稳定域进行优化选择，其中有两个难点：一是计算系统稳定域需要计算边界上所有的不稳定平衡点，并计算不稳定平衡点的稳定流形，涉及规模较大的数值计算；二是如何设计一个稳定域的量化指标，使其既能反映稳定域的宽广程度又方便计算。本章采取的思路是：求取距稳定工作点最近的不稳定平衡点，结合该不稳定平衡点到稳定平衡点的距离并考虑系统性能设计优化指标，最终根据优化指标选取决策出最优的控制器参数。

选择迎角 α、俯仰角速度 q 的状态反馈参数 k_α 和 k_q 为优化设计变量，具体优化过程如下。

(1) 改变状态反馈参数 k_α 和 k_q，利用雅可比矩阵得到系统状态矩阵 A，计算状态矩阵特征值并得到短周期模态的阻尼比 ζ_s。图 6.12 为闭环系统状态反馈参数 k_α 和 k_q 变化情况下阻尼比 ζ_s 的分布图。

(2) 计算各状态的平衡点距离 l_{ep}：稳定边界上最近不稳定点 UEP 与稳定平衡点 SEP 之间的距离：

$$l_{\text{ep}} = \| l \| = \sqrt{\sum_{i=1}^{n} x_i^2} \tag{6.18}$$

式中，x_i 为状态变量；n 为系统维度；l 为 SEP 到 UEP 的距离矢量。

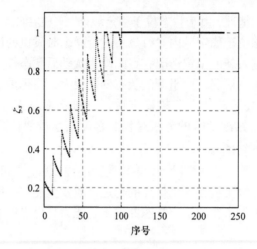

图 6.12 阻尼比 ζ_s

图 6.13 为闭环系统状态反馈参数 k_α 和 k_q 变化情况下,平衡点距离 l_{ep} 的分布图。

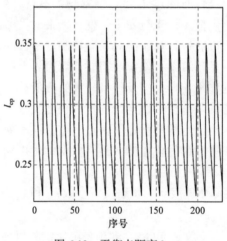

图 6.13 平衡点距离 l_{ep}

(3) 为使控制系统具有一定的优越性能,应兼顾系统的操纵性,因此应对阻尼比 ζ_s 进行约束,其约束条件为 $\zeta_s = [0.3, 0.6]$。

(4) 筛选满足阻尼比 ζ_s 约束条件的控制状态参数,并得到对应的阻尼比 ζ_s 以及平衡点距离 l_{ep}。图 6.14 为系统阻尼比 ζ_s 满足约束条件时系统的阻尼比 ζ_s 和平衡点距离 l_{ep} 的分布图。

(5) 为同时兼顾系统的控制性能与稳定性能,应使系统工作点具有较大的吸引区且此时系统的阻尼比 ζ_s 在满足约束条件的情况下达到最大。因此,采用如下表达式作为系统的目标函数:

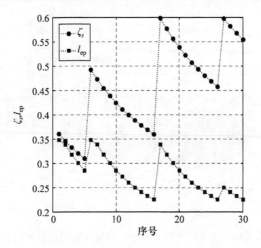

图 6.14　满足设计条件的阻尼比 ζ_s 及平衡点距离 l_{ep} 分布

$$f_{opt} = \sqrt{\zeta_s^2 + l_{ep}^2} \tag{6.19}$$

(6) 目标函数 f_{opt} 最大值对应的状态反馈参数 k_α 和 k_q 的值，即本系统状态反馈参数的局部最优解 $k_{\alpha opt}$ 和 k_{qopt}。图 6.15 为目标函数(6.19)的计算结果分布图。结合图 6.12～图 6.15 可得到系统的局部最优解以及阻尼比 ζ_s、平衡点距离 l_{ep}：$k_{\alpha opt} = -0.03$、$k_{qopt} = -0.11$、$l_{ep} = 0.35$、$\zeta_s = 0.6$。

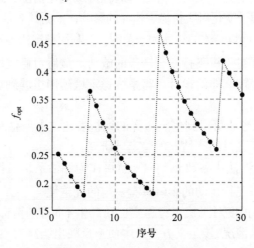

图 6.15　目标函数数值分布图

将飞机结冰后(结冰程度 η =0.1)和进行边界控制后两种情况下系统的稳定域进行对比，结果如图 6.16 所示。

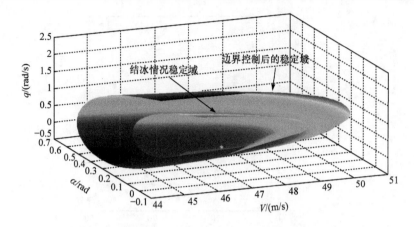

图 6.16　飞机结冰后及进行边界控制后的稳定域边界对比

从图 6.16 中可明显看出，飞机在结冰后采用稳定域边界控制后，系统的边界增大，抗扰动能力增强，保证了飞机在此结冰状态下的安全性。

6.5　本 章 小 结

本章首先给出了正规形理论确定系统非线性稳定域的求解方法，在此基础上应用高阶正规形法研究了飞机下降过程的稳定域变化情况并进行了有效性验证。然后分析了结冰因子变化对飞机稳定边界的影响，根据其对稳定域的影响程度定义了飞机轻度结冰和严重结冰的结冰因子范围，并利用稳定边界及参数 $w(x)w(x_{sep})$ 分析了不同结冰程度对飞机飞行安全产生的威胁。最后对稳定域边界优化控制进行了研究，通过改变控制律的设计可将系统稳定域延伸扩展到更大范围，得到如下结论。

(1) 高阶正规形法可得到稳定边界的解析表达式，所估计的稳定边界具有较高精度，且适用于飞机结冰情况的稳定域研究。

(2) 高阶正规形法中参数 $w(x)w(x_{sep})$ 可作为评估系统飞行安全性的指标，用于分析结冰程度对飞行运动的影响具有一定的优越性。

(3) 不同结冰程度对飞机飞行稳定性质产生不同的影响，以此为依据定义轻度结冰和严重结冰情况，该定义方法从本质上反映出结冰对飞行安全的影响程度，因此该定义方法具有一定的科学性和可行性。轻度结冰导致飞机稳定域收缩、动态性能下降、抗干扰能力减弱；严重结冰导致飞机在平衡状态的飞行稳定性质发生变化，动态稳定性能恶化，丧失了对该工作点的抗干扰能力。

(4) 飞机结冰对飞行安全产生严重威胁，尤其是在未察觉飞机结冰情况下，飞行员的操纵是加快结冰飞机失稳的主要原因和决定性因素。

(5) 根据本章所设计的优化指标可选取决策出系统的最优控制器参数，改变控制器参数可将系统稳定域扩展到更大范围，对飞机结冰后稳定域的减小有一定的改善效果。

在应用稳定性理论相关方法求得飞机结冰后的稳定域边界，并给出其安全性指标后，对结冰情况进行安全预警，以提醒飞行员改变相关操作或启动系统的边界保护，是保证飞机结冰后飞行安全的必要措施。

第 7 章 结冰飞机的着陆安全包线计算

飞机安全包线的求解对于驾驶员明确安全飞行状况是一个重要参考。以着陆阶段的结冰飞机为研究对象，计算不同结冰程度时安全包线的范围，并对其进行对比，得出关于结冰程度对于飞行状态的影响结论，并且通过飞机飞行机理对影响结果进行分析。结冰时，飞机的飞行性能发生改变，会出现升力减小、阻力增加、推力减小和舵面阻滞等情形，在结冰条件未知的情况下，通过对结冰影响飞行过程的模拟，同样能够计算出模拟结冰的安全包线，在此包线范围内对飞机进行操纵，能够保证飞行安全，一定程度上规避结冰对飞行的影响。

7.1 安全包线定义

一般所说的飞行包线是指某一型号的飞机由其性能决定的以飞行速度、高度、过载和环境温度等关键参数为坐标，将限制范围在坐标系中进行标示所成的封闭几何图形。在民用飞机中常见的四种飞行包线包括如下。

(1) 平飞速度包线，能够标示出在平飞过程中，各个高度对应允许的最大飞行速度和飞行马赫数，如图 7.1 所示。

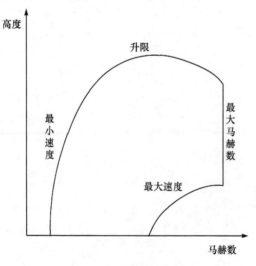

图 7.1 平飞速度包线

(2) 速度过载包线, 能够标示出飞行过程中各个飞行速度对应允许的最大气动过载, 如图 7.2 所示。

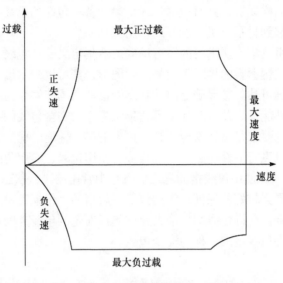

图 7.2　速度过载包线

(3) 突风过载包线, 能够标示出飞机遇到突风扰动时, 各个速度对应允许的最大气动过载, 如图 7.3 所示。

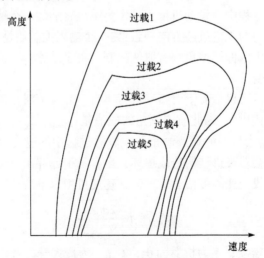

图 7.3　不同过载下的速度高度包线

(4) 飞行高度与环境温度包线, 能够标示出各个高度对应的允许飞行环境温度的范围。

　　一般情况下飞机只能在包线范围内进行飞行。除此以外，飞机的飞行是一个很复杂的过程，导致飞机的飞行受到影响的因素有很多，将这些因素的限制范围进行描述，也同样能够得到对应的包线结果。各种包线的意义除了指导驾驶员操纵外，还能够起到显示飞机性能等的作用。

　　本章根据可达集方法求得的飞行反向可达集定义安全包线。一般包线的定义是飞行过程中关键参数的界限组成的封闭图形，其可以表示出飞机的飞行状态限制范围[224]。根据可达集结果确定出的状态变量的范围能够作为包线确定飞机的飞行安全或飞行性能，因此本章使用可达集结果作为安全包线的定义。

　　飞行的最低要求是飞行安全，其次再考虑飞行性能的优劣，一般飞行包线范围越大代表飞机飞行的性能越好。包线分为使用包线、实用包线、允许包线，其范围依次增加[225]。使用包线指的是飞机飞行中常用的飞行状态范围，在该包线内飞行品质能够得到较好的保证；实用包线一般指的是保证飞机能够进行各种姿态变换的包线范围；允许包线则是最大允许飞行安全的包线范围。本章中可达集结果指的就是允许包线范围，称为安全包线。

7.2　结冰飞机着陆阶段安全包线求解

7.2.1　飞机着陆参数分析

　　飞机在着陆过程中，发动机推力 T 作为飞机着陆的一个输入控制量，并且假定发动机推力方向与飞机航迹方向一致；另一个输入控制量是飞机的俯仰舵偏角。发动机推力和飞机俯仰舵偏角都有取值限制，由于结冰程度的影响，迎角最大值即失速迎角会改变。

　　在下滑阶段，飞机沿着下滑斜率进行飞行，并且下滑角度必须保持在下滑倾角上下一定范围内[189]，因此航迹倾角的取值是 $[\gamma_{\min}, \gamma_{\max}]$ ，并且 $\gamma_{\min}=\gamma_0-\mathrm{d}\gamma$ ， $\gamma_{\max}=\gamma_0+\mathrm{d}\gamma$ 。 γ_0 为理想的航迹倾角。在着陆过程中的速度也有一定的限制，着陆速度如果太大会对飞机结构造成损坏，也容易引起冲出跑道的危险；而着陆速度如果太小会造成失速的可怕后果，失速速度可由以下表达式计算：

$$V_{\text{stall}}=\sqrt{\frac{2mg}{\rho S C_{L\max}}} \tag{7.1}$$

式中， ρ 为空气密度； S 为机翼面积； $C_{L\max}$ 为最大升力系数，取速度范围为不同结冰程度下的安全速度，高度范围根据实际着陆的情况，将其确定在一定正值范围内。

　　综上所述，将着陆即将结束时的状态范围定义为目标集。如表 7.1 所示，不同的结冰程度对应飞机着陆时不同的失速速度和失速迎角,根据飞机着陆可承受的冲击得到着陆允许的最大速度。

表 7.1　参数取值范围

结冰程度	失速速度/(m/s)	最大速度/(m/s)	最大迎角/(°)
0	53.69	82	17.5
0.1	60.09	82	16.9
0.2	65.75	82	15.25

7.2.2　飞机着陆可达集分析

为了得到水平集方法求得的数值解,需要得到式(3.24)的哈密顿值高效计算所得的解。设式(3.24)的解为输入 u_{opt} 控制下状态空间的某一点 x 以及对应的梯度 p。

将纵向动力学方程组代入式(3.25)中,可以得到动力学模型下的哈密顿函数为

$$H(x,p) = p_1\dot{V} + p_2\dot{\gamma} + p_3\dot{q} + p_4\dot{\alpha} \tag{7.2}$$

式中, p_1、 p_2、 p_3、 p_4 分别为 $\phi(x,t)$ 对状态 V、 γ 、 q 和 α 的偏导。根据状态量和控制量表示启动导数,而且并没有由控制量产生的变量。哈密顿函数值可以简化为两个独立的优化问题和一个常值。

$$H(x,p,u) = H_T(x,p,T) + H_{\delta_e}(x,p,\delta_e) + H_0(x,p) \tag{7.3}$$

因此

$$H(x,p) = H_T(x,p) + H_{\delta_e}(x,p) + H_0(x,p) \tag{7.4}$$

式中,

$$\begin{cases} H_T(x,p) = \max_{T \in U_T} H_T \\ H_{\delta_e}(x,p) = \max_{\delta_e \in U_{\delta_e}} H_{\delta_e} \end{cases} \tag{7.5}$$

$H_0(x,p)$ 是一个常值,仅需要计算一次。 $H_T(x,p,T)$ 是 T 的线性函数,最优推力在 U_T 的极值点处取得;因为 H_{δ_e} 包含了 δ_e 的立方,所以 $H_{\delta_e}(x,p)$ 是非线性问题。本章最优控制量的取值方法是通过将输入的不同取值组合代入系统中计算可达集,并对可达集大小进行比较得到的。 T 的取值由程序内比较可达集结果的范围大小决定,可达集结果范围较大时的 T 值为最优取值,这一取值甚至不是一个固定值,可能随时间积累变化发生改变,最终取得最大范围的可达集结果。最优控制量的选取可以通过机载计算的仿真试验进行,同时进行多组组合的输入来得到最大的可达集,最大的可达集对应的输入被视为最安全的操纵指令。这一指令可以呈现给驾驶员,指导驾驶员操纵飞机使飞机达到最安全的飞行状态。着陆

阶段一般是驾驶员操纵着陆而不是自动着陆系统，因此结合计算机仿真得到的结果，驾驶员能够按照计算机的操纵建议去操纵，增加了飞行的安全性。

目标集是根据速度、航迹倾角、俯仰角速度和迎角的合理范围确定的，而可达集由目标集扩展而成，飞机着陆状态在这一范围内是稳定和安全的。可达集的状态经过一定的时间会进入目标集，一旦状态偏离这一可达集范围，飞机状态在任何输入条件下都无法进入目标集，着陆将不能达到安全状态。

为了将可达集结果可视化显示，在着陆安全包线的计算分析过程中，选取状态的三项参数作为性能指标，构建出一个三维可视图形，根据图形的区域范围确定安全包线的范围。本章将状态参数迎角切片进行数据分析，选取速度、航迹倾角和俯仰角速度作为求解目标函数。

首先计算未结冰时给定目标集下的反向可达集，其对应的失速迎角为 17.5°，其结果如图 7.4 所示，曲面所包围的区域是给定的目标集，网格所包围的区域是对应的可达集。对飞机的着陆阶段进行反时间方向的求解，由着陆阶段下滑结束段的安全状态计算，对飞机的飞行安全包线进行刻画，得到飞机飞行状态安全的可达集结果。

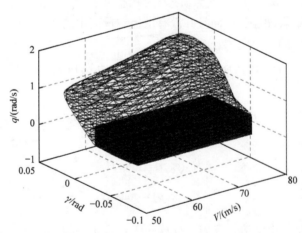

图 7.4　未结冰时目标集与可达集

在计算所得的可达集内，任何一个状态点都能够通过合理的操纵，进入理想的目标集内，而一旦飞机状态偏离了可达集范围，飞机在任意操纵下均无法到达理想的着陆飞行状态。因此，驾驶员操纵或控制律应该确保飞机状态一直位于可达集内。同时，能够从图 7.4 中看出，未结冰时，飞机的安全飞行状态空间比较大，飞机的安全裕度比较大，驾驶员的操纵范围也比较大。

可达集刻画的结果是存在误差的，误差的产生主要是由计算网格数目的选取决定的[226]。网格数目越多，计算精度就越高，误差就越小，但是计算机的计算刻画时间也越长。为了使计算时间缩短，同时计算精度误差相对于飞行安全范围能够忽略，选取合适的网格数目进行计算。

接下来计算结冰程度分别为 0.1 和 0.2 时的反向可达集。当结冰程度不同时，其对应的失速迎角等变量限制也是不同的,结冰程度是 0.1 时的失速迎角为 16.9°，结冰程度是 0.2 时的失速迎角为 15.25°，因此需要在不同控制和不同目标集下进行计算。另外，结冰会导致气动导数的变化，因此相同的反向时间的可达集有很大的变化，其仿真结果如图 7.5 和图 7.6 所示。

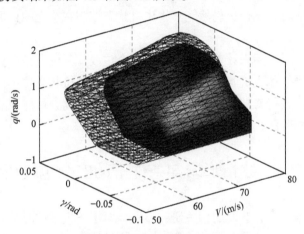

图 7.5 不结冰与结冰程度为 0.1 时的可达集对比

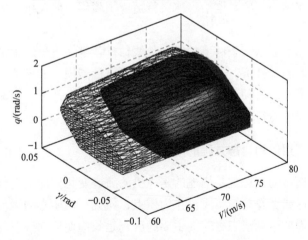

图 7.6 结冰程度为 0.1 和 0.2 时的可达集对比

图 7.5 中曲面部分为结冰程度为 0.1 时的可达集,网格部分为不结冰飞机的可达集。可以看出，结冰后飞机的安全包线缩小，可达集范围收缩，驾驶员可以安

全操纵的区域变小，安全裕度降低。图 7.6 中曲面部分为结冰程度为 0.2 时的可达集，网格部分为结冰程度为 0.1 时飞机的可达集。由此结果仍然可以看出，随着结冰程度的增大，可达集缩小，安全驾驶范围缩小，飞机的操纵需要更加谨慎，发生危险的概率提高了。

　　飞行的安全包线是可以保证飞机安全飞行的范围。驾驶员操纵或者外界瞬时扰动使飞机状态变动不超过这一范围，则飞机状态是安全的，可以通过操纵使得飞机安全着陆。安全包线可以为飞行员的操纵给出指导，或者当飞机受扰动但是未偏离安全包线时，飞行员仍然能够将飞机状态控制在给定的目标集内，顺利完成近地着陆。

　　可达集比较适合用来计算飞机飞行的安全包线，其优点是计算速度较快，结果准确直观。当结冰飞机着陆时的操纵难度增加，飞机状态位于可达集内时，可以继续操纵飞机进行着陆，而一旦状态偏离可达集，驾驶员应该立即改变飞机的操纵，改出着陆阶段，避免发生恶劣后果。

7.3　结冰情形未知条件下的安全包线估计

　　根据飞机结冰信息获取的相关研究显示，对于飞机结冰时结冰情形的获取存在一定的难度。在传感器获取结冰信息不完全的情况下，应对结冰的措施难以有针对地解决结冰影响问题。这给容冰飞行造成了障碍，使飞机发生风险的可能性也大大提高。

　　本节的结冰情形未知条件下的安全包线估计，是在飞机发生结冰时，结冰数据无法准确获取的条件下，通过对结冰造成飞机性能损失的模拟，估计出一个合理的安全包线范围。这种手段能够使飞机即使在结冰条件下，也能得出状态的安全范围，从而保证飞行的安全。

7.3.1　纵向长周期运动模态方程的简化

　　纵向长周期运动模态主要描述的是飞机的航迹变化，即对飞行姿态的关键参数进行简化考虑或者忽略，将飞机作为质点，研究飞机质心的运动分析。长周期运动模态与短周期运动模态之间，主要的区别是长周期运动模态的参数变化相对较慢，具有振动周期长、衰减缓慢的特点。

　　根据文献提供的长、短周期模态特征值及模态参数数据如表 7.2 所示[227]。

表 7.2　长、短周期模态参数对比

参数	长周期模态	短周期模态
特征值	$\lambda_{ph} = -0.0061 \pm 0.0389i$	$\lambda_{sp} = -0.7322 \pm 2.8998i$
周期	$T_{ph} = 160s$	$T_{sp} = 2.1008s$
半衰期	$T_{1/2ph} = 113.6s$	$T_{1/2sp} = 0.9465s$
频率	$N_{ph} = 0.0063Hz$	$N_{sp} = 0.4760Hz$
无阻尼自然振荡角频率	$\omega_{nph} = 0.0393$	$\omega_{nsp} = 2.9908$
阻尼比	$\xi_{ph} = 0.1552$	$\xi_{sp} = 0.2448$

根据长周期运动模态的特点，分析三维的飞机运动方程[228]：

$$\begin{cases} \dot{V} = (F_{A_X} - mg\sin\gamma)/m \\ \dot{\gamma} = (F_{A_Z}\cos\phi + F_{A_Y}\sin\phi + mg\cos\gamma)/(-mV) \\ \dot{\psi} = (-F_{A_Z}\sin\phi + F_{A_Y}\cos\phi)/(mV\cos\gamma) \end{cases} \tag{7.6}$$

该方程的状态变量为速度 V、航迹倾角 γ 与偏航角 ψ。

假设迎角与侧滑角较小，可以根据小角度的特点对方程中的动力学飞机受力进行简化。

$$\begin{cases} F_{A_X} = T\cos\beta\cos\alpha - D(V,\alpha) \approx T - D(V,\alpha) \\ F_{A_Y} = -T\sin\beta\cos\alpha + Y_{aero}(V,\beta) \approx Y_{aero}(V,\beta) \\ F_{A_Z} = -T\sin\alpha - L(V,\alpha) \approx -L(V,\alpha) \end{cases} \tag{7.7}$$

升力 L、阻力 D 与侧力 Y_{aero} 的展开式为

$$\begin{cases} D(V,\alpha) = \overline{q}S(C_{D_0} + C_{D_\alpha}\alpha + C_{D_{\alpha^2}}\alpha^2) \\ L(V,\alpha) = \overline{q}S(C_{L_0} + C_{L_\alpha}\alpha) \\ Y_{aero}(V,\beta) = \overline{q}S(C_{Y_\beta}\beta) \end{cases} \tag{7.8}$$

首先为了分析安全包线，选取速度与航迹倾角作为状态变量，将滚转角、迎角、侧滑角和推力作为输入量，则动力学系统可以写为

$$\begin{bmatrix} \dot{V} \\ \dot{\gamma} \end{bmatrix} = \begin{bmatrix} -\dfrac{\rho S}{2m}V^2 C_{D_0} - g\sin\gamma \\ -\dfrac{g}{V}\cos\gamma \end{bmatrix} + \begin{bmatrix} \cos\alpha\cos\beta \\ (\cos\phi\sin\alpha\cos\beta - \sin\phi\sin\beta)\dfrac{1}{V} \end{bmatrix}\dfrac{T}{m}$$

$$+ \begin{bmatrix} -\dfrac{\rho S}{2m}V^2(C_{D_\alpha}\alpha + C_{D_{\alpha^2}}\alpha^2) \\ \dfrac{\rho S}{2m}V(C_{L_0} + C_{L_\alpha}\alpha)\cos\phi \end{bmatrix} + \begin{bmatrix} 0 \\ -\dfrac{\rho S}{2m}VC_{Y_\beta}\beta\sin\phi \end{bmatrix} \tag{7.9}$$

考虑空气动力学小角度偏角，简化微分方程可以将动力学系统化简为

$$
\begin{bmatrix} \dot{V} \\ \dot{\gamma} \end{bmatrix} = \begin{bmatrix} -\dfrac{\rho S}{2m}V^2 C_{D_0} - g\sin\gamma \\ -\dfrac{g}{V}\cos\gamma \end{bmatrix} + \begin{bmatrix} 1 \\ 0 \end{bmatrix}\dfrac{T}{m}
$$

$$
+ \begin{bmatrix} -\dfrac{\rho S}{2m}V^2 (C_{D_\alpha}\alpha + C_{D_{\alpha^2}}\alpha^2) \\ \dfrac{\rho S}{2m}V(C_{L_0} + C_{L_\alpha}\alpha)\cos\phi \end{bmatrix} + \begin{bmatrix} 0 \\ -\dfrac{\rho S}{2m}VC_{Y_\beta}\beta\sin\phi \end{bmatrix} \tag{7.10}
$$

输入量中的滚转角可以作为不连续输入进行，即可将滚转角作为常值进行考虑，为了简化计算，并且减小耦合对于动力学系统的影响，首先将滚转角的值设定为 0。根据动力学方程，可以将哈密顿方程写为以下形式：

$$
H(p, x, u) = p_1 \dot{V} + p_2 \dot{\gamma} \tag{7.11}
$$

式中，p_1、p_2 分别为 $\phi(x,t)$ 对状态 V、γ 的偏导。

将哈密顿方程确定之后，如果想求得最大的可达集结果，需要对输入值进行设定。因为最大的可达集范围需要将输入最优化，得出的结果才是最大的。

7.3.2　反向可达集估计安全包线的结果分析

飞机着陆阶段的安全包线对飞机的安全飞行是十分重要的。飞机必须遵循飞行安全包线的指导，有的研究中认为飞机的状态处于安全包线内是可以保证飞机飞行安全的。当飞机的状态接近安全包线的边缘时，飞机就必须进行相应的操纵使飞机状态回到安全包线的中心范围内，即状态与边界的距离必须保证大于一个正的标准值，否则认为飞机的飞行可能发生危险。

根据本章对安全包线的说明，安全包线可以定义为不同的状态集合，不变集、最大可控集和反向可达集都称为安全包线，但是不同的状态集合内飞机的安全标准是不一样的。不变集内飞机任何的状态、任何的操纵下飞机的状态都是安全、稳定、可控的；最大可控不变集内，飞机的状态可以在某个操纵输入指令下在任意时间内到达安全区域；而反向可达集内的状态只存在操纵使飞机可以保证安全。

通过取哈密顿函数值的不同规则，求解出飞机的不同含义安全状态的集合，这种求解方法借助的是水平集算法，将速度与航迹倾角的范围进行确定，该范围作为初始的目标集，反向计算出可以通过操纵回到目标集的反向可达集。

计算可达集的具体过程与注意事项在前面已经详细介绍过，这里就不再重复叙述。根据结冰机理，可以发现，结冰对于飞机飞行特性的影响主要是改变了气动系数，造成升力减小、阻力增加，或者发动机结冰造成推力损失，除此之外还可能造成舵面阻滞、操纵的有效性降低。这些影响主要是对飞行程度上的影响。

根据以上的叙述，如果能够通过结冰条件下的飞机升力、阻力、推力、舵面阻滞的改变程度模拟结冰的情形，根据飞行包线的求解过程，就可以计算得出包线的改变，最终得到相应的安全包线。

除此之外，如果不能得到确定的结冰条件下的飞机升力、阻力、推力、舵面阻滞的改变程度，可以退而求其次获得这些因素的改变程度的最大范围，以改变程度的最大值求得安全包线的最保守范围，使飞机在此范围内飞行，也可以在有所损失飞机性能的条件下保证飞机的安全飞行。

正常状态下的飞行反向可达集的求解结果如图 7.7 所示。

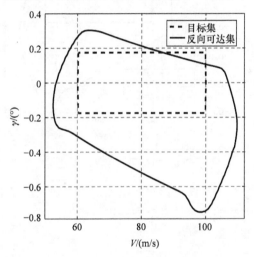

图 7.7　目标集与反向可达集

图 7.7 中实线部分为目标集，虚线部分为反向可达集，根据目标集求解出的反向可达集的范围为速度与航迹倾角的范围。可以看出，速度范围在较大与较小的部分都有扩张，这可以说明，速度可以在一定的时间内通过正确的操作回到目标集；航迹倾角在正值部分扩张较小，而在负值部分扩张较大。这是因为爬升时，航迹倾角太大将使飞机难以操纵，而下滑时航迹倾角较小，只要飞行高度足够，飞机都能够将飞机的状态改为接近平飞的状态。

进一步地，根据正、反向可达集的定义，正向可达集代表的是飞机能够在正向的时间上所到达的状态的集合，它与反向可达集的交集是安全操纵包线，该包线内的状态有着与正、反向可达集内的状态不同的含义。将所求方程的正向可达集与反向可达集一同表示出来，结果如图 7.8 所示。

图 7.8 中实线包围的部分为反向可达集，虚线包围的部分为正向可达集，点画线包围的部分为目标集。正向可达集与反向可达集交集的部分为安全操纵包线，而反向可达集的范围可以定义为状态可救的飞行包线。在安全操纵包线的

状态范围内，状态既可以由目标集出发的状态到达，也可以通过操纵回到可达集。这与正向可达集内的剩余部分状态不同，正向可达集内的剩余部分状态回不到目标集。

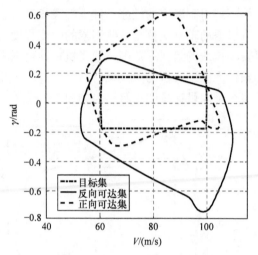

图 7.8　目标集与正反向可达集

　　接下来计算的是利用反向可达集在结冰情形未知的情况下对安全包线进行估计，将结冰对飞机性能的改变从三个方面进行模拟：升、阻力改变，发动机推力改变和舵面发生阻滞。

1. 升、阻力改变

　　当飞机发生结冰的情况时，首先是受扰流流场改变的影响，升力系数与阻力系数会发生改变，并且升力系数与阻力系数会同时发生改变，这将导致升力与阻力的变化。在研究结冰条件下的升、阻力改变对包线的影响时，同时设定升、阻力的改变，通过对飞机的运动方程进行可达集的计算，从而求解出对应的反向可达集进行分析。

　　设定升力的损失为 20%，阻力的增加为 20%，将其在动力学方程中以系数的方式体现，得到的反向可达集结果如图 7.9 所示。

　　图 7.9 中的实线部分为正常条件下的可达集，虚线部分为飞机的升力损失20%、阻力增加 20% 后的可达集区域。根据图 7.9 中显示可以看出，升力的下降导致负航迹倾角飞行的性能下降，负迎角范围缩小，因此包线的下部向上变化；由于阻力的增大，速度必须有所提升才能保证不失速，所以包线的右部有所扩张。

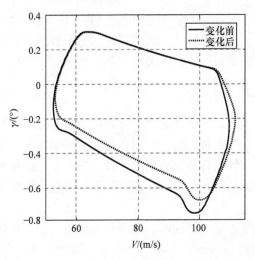

图 7.9 升力与阻力发生变化前后的反向可达集

2. 发动机推力改变

当飞机发生结冰时，机翼或者发动机内壁的结冰，或者化油器结冰会导致发动机进气异常或者燃料补充，这都将导致发动机的推力下降。通过改变发动机推力，能够对结冰导致的飞行性能的下降进行模拟。本节为了分析方便，假设飞机发动机推力的改变是对称的，所有发动机推力损失一致。在此基础上对运动方程进行可达集的求解。

假设发动机损伤后，推力的降低程度为 30%，即最大推力减少 30%，求解出的反向可达集如图 7.10 所示。

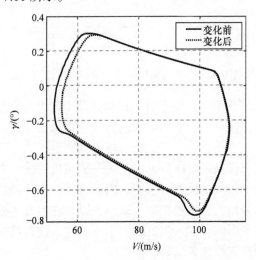

图 7.10 推力发生变化前后的反向可达集

图 7.10 中的实线部分为正常条件下的可达集，虚线部分为飞机的推力损失 20% 后的可达集区域。推力减小后，飞机的低速区有所收缩，这是因为推力下降后，飞机难以提升足够的动力保证低速飞行，除此之外，负航迹倾角的范围有所收缩。

3. 舵面发生阻滞

当舵面阻滞发生时，严重情况可能导致舵面的卡死，即驾驶员的操纵无法使舵面发生改变；情况稍微较轻时，舵面在驾驶员的操纵下会出现效率下降，即驾驶员操纵后舵面不能够偏转指定的角度，而是按小于 1 的比例发生偏转。为研究损伤程度对飞机性能的影响，本章仅研究舵面操纵效率下降的情况，不研究舵面完全卡死的情形。

假设舵面的操纵效率下降 30%，即驾驶员通过驾驶杆在正常情形下可使舵面偏转 $x°$，那么舵面的操纵效率下降 30% 后，舵面的改变量为 $0.7x°$。得到的反向可达集结果如图 7.11 所示。

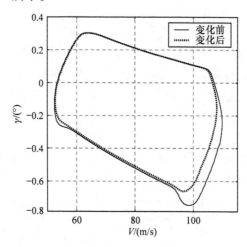

图 7.11　舵面操纵效率下降前后的反向可达集

图 7.11 中的实线部分为正常条件下的可达集，虚线部分为飞机的舵面操纵效率下降 20% 后的可达集区域。舵面阻滞后，迎角等减小，速度无法达到正常条件下的较大值。

如前面所述，飞机发生结冰后，以上的三种飞机特性改变均有可能发生。为了能够对结冰情形未知的条件进行模拟，应该将以上三种特性的改变结合起来，认为升力减小、阻力增大、发动机推力减小，以及舵面发生阻滞同时发生。将三种因素同时发生的情形综合加入飞机动力学方程中，进行反向可达集的求解，可得到一个较保守的反向可达集结果。

该可达集结果作为结冰后飞机的安全包线，能够指导飞机的操纵，能够在结冰情形未知的条件下保证飞行状态的安全。

　　三种结冰情形综合进行计算得到的可达集结果如图 7.12 所示。

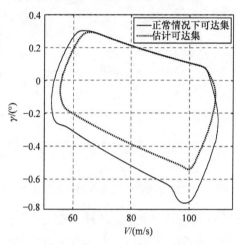

图 7.12　估计前后的反向可达集

　　图 7.12 中的实线部分为正常条件下的可达集，虚线部分为综合了飞机的升力损失、阻力增加、推力减小和舵面效率下降后的可达集区域。其中，升力下降 30%，阻力提高 30%，推力减小 30%，舵面效率下降 30%。将此作为结冰后对升力、阻力、推力、舵面阻滞的改变程度的估计，以上因素的改变能够将结冰后各种因素的改变程度包含在内。

　　通过对飞行运动模型的时域仿真，将飞机飞行个别状态量进行正向时间的轨迹刻画，能够对以上估计所得的安全包线进行验证。通过对结冰条件下的运动方程和不结冰条件下的运动方程的不同状态进行仿真，得到对应的飞行轨线，根据所得的结果能够进入目标集来说明状态是否可达。由于反向可达集的含义是存在控制能够使状态在给定时间内进入目标集，所以选择典型的输入对初始状态进行仿真，得到的结果分析如图 7.13 所示。

　　选择正常条件下反向可达集内的状态点 A 与估计的反向可达集内的状态点 B 分别进行仿真。控制量为推力与俯仰舵偏角的不同组合取值。如图 7.13 所示，由点 A 出发的实线轨迹为未结冰条件下运动方程的运动轨迹，虚线为结冰条件下运动方程的运动轨迹，由点 B 出发的实线轨迹均为结冰条件下运动方程的运动轨迹。由图 7.13 中可以看出，在点 A 处，未结冰条件下的安全包线内的轨迹在未结冰运动仿真下能够进入目标集，但仍存在没有进入目标集的状态，而结冰仿真无法进入目标集。在点 B，即使是结冰条件下的运动仿真仍然能够进入目标集内，因此所求解得到的反向可达集能够作为结冰后安全包线的估计。

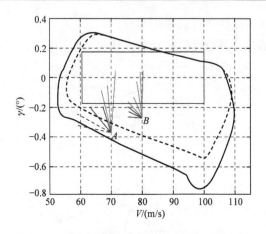

图 7.13　对可达集的状态点轨迹验证仿真图

　　估计的安全包线的缺点是对飞机性能的抑制较大，飞机在估计的安全包线范围内，驾驶员可操纵程度较小，飞机可行的飞行姿态变化范围较小。一旦飞行状态偏出估计的安全包线，飞机仍然能够正常飞行，但是驾驶员将失去参考。

　　估计安全包线的优点是能够在结冰等危险状态下，给驾驶员一个操纵参考，如果能够将飞机的状态保持在此估计安全包线范围内，就能够不考虑飞机所受的结冰影响，增强飞行控制的鲁棒性。

　　提高飞机动力学方程的维度，将其维度升为三维，动力学方程为式(4.6)，操纵输入指令为迎角、侧滑角、推力与滚转角，状态变量为速度、航迹倾角与偏航角。正常无损伤条件下的反向可达集如图 7.14 所示。

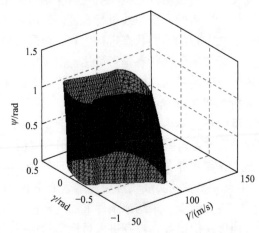

图 7.14　飞机三维反向可达集

　　将升力减小、阻力增加、推力减小和舵面阻滞的因素考虑在内，所得的可达集结果如图 7.15～图 7.18 所示。

　　图 7.15 中灰色包围的部分为正常条件下的可达集, 黑色包围的部分为飞机的舵面操纵效率下降 20% 后的三维反向可达集区域。

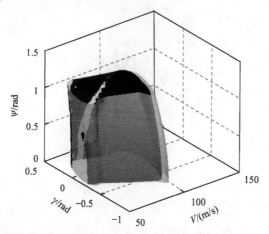

图 7.15　舵面异常后反向可达集与无损伤可达集对比

　　图 7.16 中灰色包围的部分为正常条件下的可达集, 黑色包围的部分为飞机的升力损失 20%, 阻力增加 20% 后的三维反向可达集区域。

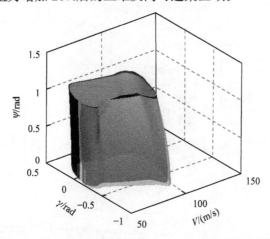

图 7.16　升阻力异常后反向可达集与无损伤可达集对比

　　图 7.17 中灰色包围的部分为正常条件下的可达集, 黑色包围的部分为飞机的推力损失 20% 后的三维反向可达集区域。

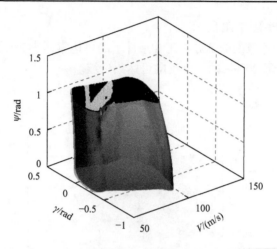

图 7.17　推力异常后反向可达集与无损伤可达集对比

图 7.18 中灰色包围的部分为正常条件下的可达集,黑色部分为综合了飞机的升力损失、阻力增加、推力减小和舵面效率下降后的可达集区域。其中,升力下降 30%,阻力提高 30%,推力减小 30%,舵面效率下降 30%。可以看出,估计的结冰后的安全包线范围较正常条件下的安全包线明显收缩,以此可以保证飞机结冰条件下的安全飞行。

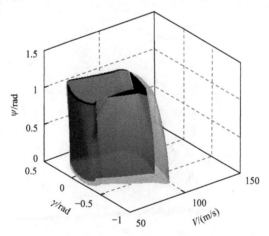

图 7.18　综合异常的反向可达集与无损伤可达集对比

7.4　本 章 小 结

本章根据飞机着陆的安全状态定义目标集,运用可达集理论分析了不同结冰程度下的四维可达集,从而得到了飞机的飞行安全包线。从理论上说明了结冰对于飞机着陆安全性影响的机理，对结冰飞机着陆阶段的驾驶员操纵提出指导，从而达到飞机在结冰状态下着陆阶段安全飞行的目的，对于飞机安全设计和控制有一定的借鉴意义。

通过对不同程度结冰的安全包线的计算可以看出，结冰飞机随着结冰程度的加剧，可达集范围缩小，稳定裕度降低，更容易发生危险。这主要原因是飞机结冰后的各项气动导数发生了较大的变化，动力学特性变差，操纵难度增加，最终导致飞机的安全性降低，风险系数增加。

另外，计算所得的安全包线能够指导飞机的安全着陆，保证结冰飞机的着陆安全。在飞机运动系统中，如果能够将安全运动趋向向驾驶员或者飞控计算机展示，则驾驶员或计算机获取其中的安全运动信息，根据判断或者算法确定相应的操纵动作，就能够减轻驾驶员的精神负担，确保飞机飞行的安全性。将本章计算的可达集结合实际的飞行状态呈献给驾驶员，将直观地对驾驶员的操纵进行提示，大大提高了飞机飞行的安全性。

本章考虑了损伤情况下二维与三维的安全边界，对应模拟了结冰条件下的实际情况，包括升力变化、阻力变化、推力变化和舵面阻滞，综合以上损伤的影响，所求得的安全包线估计出结冰条件下的安全边界，该安全边界能够在使飞行性能下降的情况下保证结冰飞机的安全飞行。另外，在运动系统将最优算法融入输入指令或者系统过程中，就能够使系统具有设计者想要的一些优点，如鲁棒性等。鲁棒性系统在飞机受到损伤或者受到干扰等情况时，能够很快地保证飞机的稳定性，不会发生剧烈变化[228]。这能够为飞行设计提供基本的安全保障，避免遇到异常情况时驾驶员的错误判断或者慌乱情况下误操作导致的飞行失控，最终发生事故。

第8章 结冰飞机着陆安全包线影响因素分析

飞机在着陆过程中的安全性受到许多因素的影响，这些因素既有来源于内部因素的作用，也有来自于外部因素的影响。在飞机着陆过程中，如果产生了不利于飞机安全飞行的状况，为了最大限度地保证飞机着陆的安全性，驾驶员或者自动驾驶仪要尽力提高有限程度的安全系数。

影响飞机安全飞行的因素很多，其中对于着陆可达集的影响方面，内部因素包括关键位置或结构故障、驾驶员的误操作、着陆质量的大小和仪表的准确度等方面；外部因素包括恶劣天气的影响、自然界物质对飞机造成的影响等[229]。这些因素会使可达集产生收缩或者扩张的作用，如果能够掌握各方面的因素对于着陆阶段飞行可达集的影响或作用机理，并将这些影响或作用机理运用到保障着陆安全性的过程中，就可以极大地促进航空装备的安全系数，并且极大程度上降低风险概率。

飞机着陆的可达集影响因素分析，即结冰飞行安全性的可达集结果敏感性分析。飞机是一个非常复杂的动力学系统，飞机飞行的安全性与模型内的多个参数有紧密的联系，各个参数对于飞行安全状态有其各自的影响作用。如果能够具体研究掌握各个参数改变对于飞行安全包线的影响并进行应用，对结冰后飞机的操纵和控制进行设计，那么最终能够达到确保安全飞行的目的。

本章改变着陆时的相关参数分析相应计算的可达集结果，确定安全边界的影响因素对安全包线范围变化的影响，最后通过比较，对驾驶员操纵飞机给出建议，对着陆进行一定程度的安全保障，以此促进安全边界保护的研究。

8.1 关键参数对安全包线的影响分析

飞机着陆是一个复杂的动态过程，其中，影响着陆安全的因素有很多，并且结冰会导致飞行安全包线的收缩，因此结冰和不结冰条件下，着陆过程中参数的不同，对应的着陆安全包线范围也会发生改变。本节选取着陆时不同的干扰因素，对比分析其对于着陆安全包线的影响。

这里主要分析四个主要的参数对于着陆可达集的影响，它们包括着陆质量、着陆迎角、结冰冰型和襟翼偏角的大小，如图 8.1 所示。计算不同程度或者数值条件下的着陆可达集，通过对比得到使可达集最大的策略。

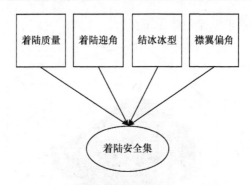

图 8.1 飞机着陆可达集影响因素

8.1.1 着陆时飞机质量对安全包线的影响

对于航空运输公司,飞行重量的减轻意味着运输成本的降低,有的航空公司提出为了减轻飞行重量甚至不会错过减轻一张纸的重量。有的人说"航空制造业一直在做一件事,那就是减轻飞机的重量[230]"。对于本节分析的着陆飞机可达集,质量对于飞行的影响也是比较明显的。

所研究的飞机由于油料或者载重等的影响,执行不同的任务时其着陆质量会有较大的变化范围,并且相关研究提出根据不同的着陆质量,飞机的着陆速度限制会发生改变,常用的关于有失速速度的表达式计算:

$$V_{stall} = \sqrt{\frac{2mg}{\rho S C_{Lmax}}} \tag{8.1}$$

因此,飞机质量对于整个飞行模型会产生一定的影响。在着陆过程中,升力会减小,而重力对于飞机的整体受力占的比重会增大,因此重力的影响是可达集变化的主要因素之一。

根据相关资料中提供的数据,飞机质量的变化范围较大,改变系统模型中的质量数值,并且随之改变因质量变化而变化的失速速度值,而后计算相应的着陆可达集,并对结果进行对比分析。相应的参数限制范围为质量减小时,失速速度为 59.4m/s,根据以上数据可得可达集所求得的安全包线如图 8.2 所示。

如图 8.2 所示,灰色部分为质量减小后的安全包线,黑色部分为最大着陆质量时的安全包线。两者进行对比可以看出,质量减小后,在低速区域包线有明显的扩张,这是因为质量减小后,重力引起的对升力的削减作用降低,并且阻力的分量减小。因此,在升力增加、阻力减小的情况下,着陆飞机具有更加良好的气动特性,飞机的空气动力学特性变得更好,安全包线会较最大着陆质量时扩张。另外,由失速速度的求解公式可以看出,质量减小后,飞机的失速速度减小,即在求解可达集时,所定义的目标集方位增加,使得更多的反向运动轨线能够进入目标集内,因此最终的安全包线范围扩大。

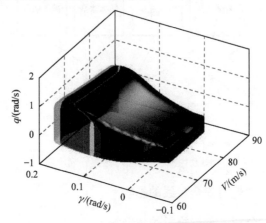

图 8.2   质量对可达集影响对比

驾驶员操纵飞机的飞行是通过操纵舵面或者推力大小等实现的,但是遇到特殊情况,如飞机发动机故障或舵面异常,考虑到减轻重量有利于安全包线的扩张,从而提高飞行的安全性,就可以使用负重控制的手段使飞机安全裕度提高。例如,着陆前放油、抛去机上不必要物品等,都可以使飞机的重量降低许多,根据本节的仿真,安全包线能够在这种情况下扩张,从而使飞机的空气动力学特性优化,提高安全性,有利于保证飞机的安全着陆。

8.1.2   着陆时飞机迎角对安全包线的影响

飞机着陆时刻的迎角不是固定的,其着陆的姿态也可能不同。为了得到最大的可达集作为安全包线,将推力和迎角进行最优控制实现目标,为了说明迎角取值对可达集的影响,接下来选取不同的迎角作为控制,对计算所得的可达集结果进行比较,说明迎角对可达集的具体影响。

根据相关文献[231]~[233],大迎角状态下着陆有利于滑跑距离的缩短,滑跑距离的缩短是飞机着陆过程中一直追求的目标,它能够使飞机迅速着陆,降低对跑道标准的要求,满足大重量、大飞机紧急状态下短距离起降的要求。传统的减小滑跑距离的方法包括打开减速板、使用减速伞等,但是如果能够使用飞机的姿态操纵来提高飞机的各项性能,则是一种成本很低但效用很强的手段。虽然大迎角着陆是一个比较理想的着陆方式,但是这种方式对于飞机本身的性能要求比较高,例如,推力矢量技术以及飞机结构强度的要求都要达到。因此,飞机着陆过程中不同迎角的着陆都是能够被用到的,各种迎角下的着陆可达集也能够为着陆过程的控制设计提供参考。

下滑阶段的迎角状态对于安全包线的影响,可以通过设置不同的迎角值,求解出相应状态下的安全包线，最终对结果进行对比分析。

　　根据相关空气动力学的研究，将飞机模型的失速迎角设为 10°，因此计算迎角分别为 3°、6°、9° 情况下的安全包线，结果如图 8.3 所示。

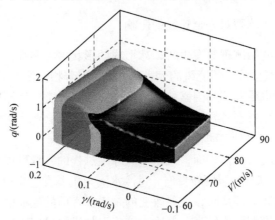

图 8.3　迎角为 3° 与迎角为 6° 时的可达集结果对比

　　图 8.3 为着陆过程中迎角为 3° 与迎角为 6° 时的可达集对比，其中，灰色部分为迎角是 3° 时的可达集，黑色部分为迎角为 6° 时的可达集。通过对比可以看出，迎角增大后，可达集结果表示的可达集范围收缩，安全包线范围减小。这是因为迎角增加后，飞机的升力系数与阻力系数同时增加，并且阻力系数对于系统的影响大于升力系数对系统的作用，因此整体的系统有幅度较小的性能恶化，这导致系统的安全包线收缩。

　　图 8.4 为着陆时迎角为 6° 和迎角为 9° 时作为着陆可达集所求解的可达集结果对比。

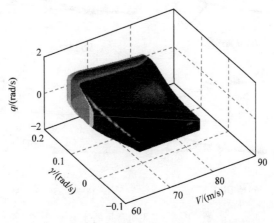

图 8.4　迎角为 6° 与迎角为 9° 时的可达集结果对比

图 8.4 中灰色部分为迎角为 6°时的可达集结果，黑色部分为迎角为 9°时的可达集结果，通过对比，同样能够看出迎角增大后，安全包线收缩，进一步说明了迎角增大对气动特性的影响。

8.1.3　着陆时结冰冰型对安全包线的影响

当自然界中的结冰现象发生时，冰形成的形状多种多样，这是因为低温下水滴受到温度、空气湿度、环境风的大小和方向、附着物性质等的影响不同造成的。在飞机上的结冰也受到不同因素的影响呈现出不同的类型、厚度、形状和位置。虽然所产生的冰型形态各异，但是它们无一例外地都会对飞机的气动性能产生影响，只不过不同冰型对气动特性产生的影响大小不同。

过冷水滴附着于机体表面，根据形成冻结过程的差异可以把形成的冰分为三种类型[234]。①霜状冰：温度较低时，过冷水滴与机翼发生碰撞立刻形成，多见于刚刚进入容易结冰的环境时，主要改变的是机翼表面的粗糙度；②瘤状冰：瘤状冰产生的条件温度相对比较高，过冷水滴集聚与机翼碰撞，碰撞瞬间部分水滴附着于机翼形成冰，剩余水滴沿机翼溢流，在溢流过程中发生结冰，多见于湿度较高的环境，改变了机翼前缘和表面形状；③混合冰：由霜状冰和瘤状冰同时形成。

除了冰在形成过程中的不同造成冰的性质相异外，根据冰形成后的形状也可以将冰分为不同的类型，常见的冰型有双角形、楔形、槽形、瘤状(蘑菇状)[238]，具体形状如图 8.5 所示。

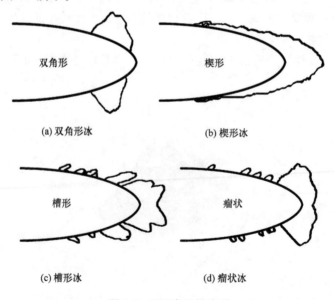

(a) 双角形冰　　　　　　　　(b) 楔形冰

(c) 槽形冰　　　　　　　　(d) 瘤状冰

图 8.5　飞机常见的冰形

　　结冰后,飞机机翼表面的绕流流场会被改变,导致机翼各处的载荷分布改变,飞机的气动特性变差,影响飞机的飞行稳定性与操纵性,最终可能发生事故。分析不同结冰冰型对于安全包线的影响,为了方便对结冰预测后的飞行性能进行分析,在结冰条件下,为驾驶员操纵提供参考。

　　接下来分析三种冰型产生后飞机安全包线的变化情况。三种冰型形状如图8.6 所示,称三种冰型分别为Ⅰ型冰、Ⅱ型冰和Ⅲ型冰。假设三种冰型结冰程度相同,并且其厚度相同。在三种冰型下,升力系数、阻力系数以及升阻比的变化如表 8.1 所示[235]。

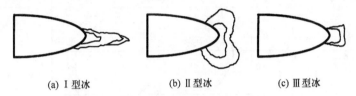

(a) Ⅰ型冰　　　　　　(b) Ⅱ型冰　　　　　　(c) Ⅲ型冰

图 8.6　飞机结冰冰型

表 8.1　Ⅰ、Ⅱ、Ⅲ型冰不同迎角范围下的气动参数改变

迎角/(°)	冰型	ΔC_L/%	ΔC_D/%	$\Delta L/D$/%
5	Ⅰ	−3.37	5.12	−8.07
	Ⅱ	−2.60	4.32	−6.63
	Ⅲ	−4.48	9.47	−12.93
10	Ⅰ	−2.45	1.53	−4.09
	Ⅱ	−2.39	1.73	−4.21
	Ⅲ	−3.91	8.02	−11.25
15	Ⅰ	−5.42	7.62	−12.08
	Ⅱ	−6.28	8.89	−13.90
	Ⅲ	−14.30	19.33	−28.17

　　除此之外,三种冰型下,其最大升力系数、失速迎角和最小阻力系数也会发生相应的变化,具体数据如表 8.2 所示[235]。

表 8.2　Ⅰ、Ⅱ、Ⅲ型冰对飞行参数的影响

冰型	最大升力系数/%	失速迎角/%	最小阻力系数/%
Ⅰ	−9.75	−13.93	0.44
Ⅱ	−9.70	−13.93	0.92
Ⅲ	−18.36	−27.73	5.98

　　将不同冰型下对应气动参数的变化代入飞机模型中，在进行可达集的求解之前，首先应该确定好目标集的范围。此时，应该根据不同的冰型造成最终着陆状态关键参数限制的变化定义目标集，而后开始对可达集进行求解仿真。

　　根据数据可以得到三种迎角状态时气动参数的变化，仿真时，分别在三种迎角状态下计算可达集，并将结果进行对比展示，仿真结果如图 8.7 所示。

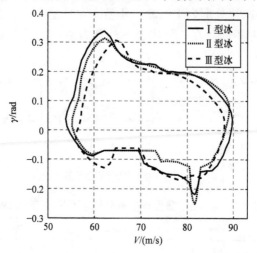

图 8.7　迎角范围为 5°时 Ⅰ、Ⅱ、Ⅲ 型冰对应的可达集

　　如图 8.7 所示，图中的三条包络线分别表示着陆迎角为 5°时，机翼附着三种冰型对应的安全包线。其中，Ⅰ 型冰与 Ⅱ 型冰的目标集是速度范围为 (60.09m/s, 83m/s)；而冰型 Ⅲ 的着陆速度范围受到气动特性改变的影响，失速速度有所提高，其速度范围为 (66.09m/s, 82m/s)。

　　通过可达集代表的安全包线可以看出，Ⅰ 型冰对安全包线的影响在三者当中是最小的，Ⅲ 型冰是安全包线收缩程度最大的。这是由于 Ⅰ 型冰属于楔形冰，它是沿着机翼前缘集聚而成的，此时的温度相对较高，部分过冷水滴沿着冰表面和机翼表面溢流向后未形成冰。这种情况下，空气仍然能够相对顺利地从机翼上、下表面流过，冰对空气的绕流流场造成的改变较小。因此，Ⅰ 型冰对应的可达集相对收缩较小。

　　Ⅲ 型冰属于瘤状或者槽形冰，这种冰型根据示意图可以看出，其在机翼前缘集聚时，形成明显的块状，过冷水滴几乎都在此形成结冰，并且结冰速度快。Ⅲ 型冰条件下，气动特性改变明显，使飞机所受的阻力增加较大，机翼表面的空气绕流流场改变程度大，使由机翼产生的升力有较大的下降。因此，由失速速度计算式(8.1)可以得到，失速速度增大，目标集范围缩小，这将直接导致可达集的缩小。由于飞机系统是一个复杂系统，各个参数互相耦合，绕流流场的改变最终导致安全包线的缩小，飞机发生风险的概率增加。

　　Ⅱ型冰的结冰形状处于Ⅰ型冰和Ⅲ型冰之间，相比楔形冰，Ⅱ型冰对空气绕流流场造成的破坏程度更大，气动特性恶化更加剧烈；相比Ⅲ型冰，其结冰形状对阻力和升力等气动参数改变产生的影响更小，气动特性恶化程度也较小。因此，Ⅱ型冰对应的安全包线大小处于另外两种冰型之间，由试验数据所得，其对飞机产生的影响更接近于Ⅰ型冰对飞机产生的影响。

　　图 8.8 为着陆迎角为 10°时Ⅰ、Ⅱ、Ⅲ型冰对应的可达集表示的安全包线，其对比结果与着陆迎角为 5°时的对比结果一致，这里不再赘述。

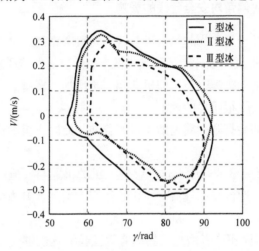

图 8.8　迎角范围为 10°时Ⅰ、Ⅱ、Ⅲ型冰对应的可达集

　　如图 8.9 所示，可达集结果表示着陆迎角为 15°时Ⅰ、Ⅱ、Ⅲ型冰条件下的安全包线。根据图 8.9 中所示可以看出，Ⅰ型冰安全包线收缩程度比Ⅱ型冰和Ⅲ型冰

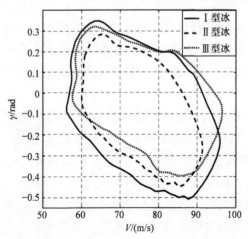

图 8.9　迎角范围为 15°时Ⅰ、Ⅱ、Ⅲ型冰对应的可达集

的安全包线收缩程度小，收缩程度最大的是Ⅲ型冰代表的槽形冰条件下的安全包线，对比结果与着陆迎角为5°时的对比结果相同。

根据以上三个仿真图对比来看，随着着陆迎角的增加，着陆安全包线范围增大，这与固定迎角求解着陆安全包线时的结果不一致。这是由于在本节中，迎角作为可选择的范围，即迎角为范围内的变化值，有利于取得迎角最优值使得哈密顿-雅可比方程最大化，从而使得求得的可达集范围增加。

8.1.4　着陆时襟翼偏角对安全包线的影响

后缘襟翼的设计是专为起飞阶段与着陆阶段考虑的，是大型运输类飞机的增升装置[236]。后缘襟翼的设计满足了飞机低空、低速的性能要求，通过向下偏转角度和向后退出一定的距离，飞机的机翼相当于增加了翼型的弯度和弦长距离，能够对升力的增加产生很明显的效果。

着陆时一般都会打开襟翼辅助飞机的着陆，此时飞机的襟翼作用主要有三个方面[237]：

(1) 增大机翼翼型的弯度。这能够使飞机的机翼与气流的夹角增大，此时在同样风力条件下，迎面来的气流对飞机的作用力增加，升力变大的同时阻力也增加，方便着陆的进行。

(2) 增加机翼面积或者增长机翼的有效弦长。这能够使得飞机机翼产生更大的升力，不仅在着陆阶段使飞机的垂直下降速度减小，也能够在起飞时为飞机提供更大的升力使飞机快速起飞和爬升。

(3) 增加缝隙。使机翼下方的气流流到机翼上方，进一步增加升力的同时，阻止失速的发生。

襟翼弯度的大小能够对着陆阶段的飞行空气动力学特性产生影响，进而影响安全包线的范围。在参考文献[189]中，将着陆阶段的襟翼偏角的开度由0°到最大50°分为三种模式：0°、25°、50°。三种襟翼偏角的模式对应不同的安全包线与操纵条件。

本节将襟翼偏角作为可达集影响因素进行考虑，设定目标集范围。其中，襟翼偏角为0°时，速度范围是(79m/s，83m/s)；襟翼偏角为25°时，速度范围是(61m/s，83m/s)；襟翼偏角为50°时，速度范围是(58m/s，83m/s)。在给定状态下进行仿真，计算出不同襟翼偏角模式下的可达集结果。

本节的计算使用飞机运动方程中导航方程组，以纵向常用的速度、航迹倾角和高度三个参数来展示飞机纵向运动的变化，其动力学方程可写为

$$\begin{cases} \dot{V} = \dfrac{1}{m}(T\cos\alpha - D - mg\sin\gamma) \\[2mm] \dot{\gamma} = \dfrac{1}{mV}(T\sin\alpha + L - mg\cos\gamma) \\[2mm] \dot{h} = V\sin\gamma \end{cases} \tag{8.2}$$

式中，V 为飞行速度；m 为飞机质量；D 为飞机阻力(D 指向气流轴系 X 轴反方向)；T 为推力；α 为迎角；g 为重力加速度；L 为飞机升力(L 指向气流轴系 Z 轴反方向)。

　　仿真针对不同襟翼偏角下的目标状态集计算反向可达集，当襟翼偏角分别为 0°、25°和 50°时，飞机状态根据给定安全目标集所计算的可达集如图 8.10～图 8.12 所示。将整个状态空间分为 30×40×30 个网格进行计算，对飞机的着陆阶段进行反时间方向的求解，由近地着陆结束点的安全状态计算，从而对飞机的飞行安全包线进行刻画，得到可达集结果。

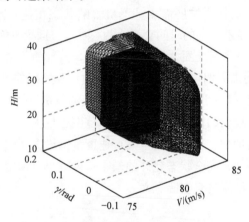

图 8.10　襟翼偏角为 0°时目标集与可达集

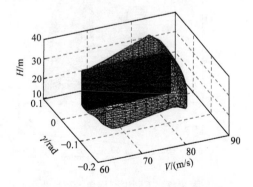

图 8.11　襟翼偏角为 25°时目标集与可达集

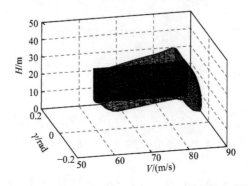

图 8.12　襟翼偏角为 50°时目标集与可达集

　　如图 8.10～图 8.12 所示，曲面部分为由着陆阶段三个状态的合理取值范围约束构成的目标集，网格部分为逆时间求解所得的可达集。可达集的计算由目标集出发经过一定的时间，目标集是由速度、航迹倾角和高度的一定范围所确定的立方体，而可达集由目标集扩展而成。飞机着陆状态在这一范围内是稳定和安全的，可达集的状态经过一定的时间会进入目标集，一旦状态偏离这一可达集范围，飞机状态在任何输入条件下都无法进入目标集，着陆将不能达到安全状态。

　　图 8.13 为不同襟翼偏角条件下相同时间内计算所得的可达集，其可达集对应各自目标集。由图 8.13 可以看出，逆时间求出的飞机三个状态参数范围的变化，明确得出襟翼偏角较大的模式下，可达集的范围也更大，即襟翼偏角的增大使得飞机的可操纵范围增加，飞机的安全飞行速度范围增大，安全性更好。着陆阶段襟翼打开后升力增加，安全状态允许的最小速度减小，速度范围增加，这与实际的飞行过程相同，结果具有实际意义。

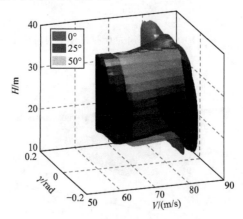

图 8.13　不同襟翼偏角下可达集

8.2　不同位置结冰对飞行安全包线影响的分析

　　飞机在着陆阶段若发生结冰，会引起飞行包线变化从而影响飞行安全，不同位置结冰对飞行性能的影响存在差异。为分析不同位置结冰对飞行包线的影响，利用可达集分析着陆阶段各种情况下结冰对于纵向航迹安全性的影响。

　　结冰容易发生的位置一般有机翼结冰、平尾结冰和全机结冰，对于飞机性能的影响都是不同的[239]。

　　为便于对比不同位置结冰对安全包线产生的影响，设定前提为结冰程度一致、结冰积累时间相同，计算不同结冰位置下启动数据的变化，进而计算可达集结果。

　　可达集内的状态能够在一定时间内顺着某一轨线进入目标集，因此目标集是最终的安全状态。根据着陆阶段飞机的飞行特性，可以定义能够实现着陆要求的参数状态，将这些符合要求的参数状态确定的目标集代入水平集算法中，最终能够得到后向可达集，即着陆过程中的安全集。

　　飞机机翼结冰和平尾结冰会对飞机的气动力和操纵产生破坏作用，使飞行过程发生异常，增加飞机飞行的危险性。对于气动力的影响主要在于升力系数和阻力系数的改变，最终引起飞行安全包线的改变。

　　根据相关数据，首先定义飞机着陆末阶段的目标集。着陆时，飞行速度不能低于失速速度，并且速度不能在着陆撞击地面时使飞机产生结构损伤；航迹倾角保持在一个较小且安全的范围内，避免航迹倾角过大导致速度难以控制，或者航迹倾角太小，超过着陆时间或着陆距离的限制。根据目标集，使用水平集方法即可求出可达集。

　　机翼结冰、平尾结冰和全机结冰的可达集结果分别如图 8.14～图 8.16 所示。

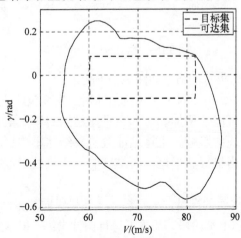

图 8.14　机翼结冰后的可达集

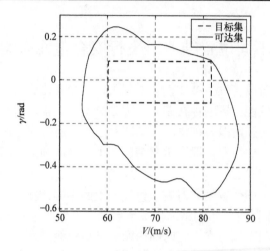

图 8.15 平尾结冰后的可达集

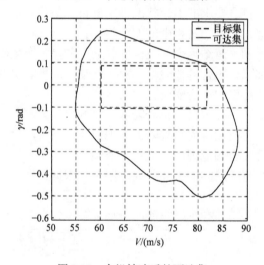

图 8.16 全机结冰后的可达集

不同位置下可达集对比结果如图 8.17 所示。

根据可达集结果，可以看出，飞机结冰后，安全包线收缩，飞机可操纵范围更小，发生危险的可能性增加。另外，平尾结冰对于安全包线收缩的作用小于机翼结冰对安全包线的影响，平尾结冰较机翼结冰影响更小；全机结冰飞机的安全包线最小，即当机翼和平尾同时结冰时，飞机处于危险状态，发生危险的概率增大。

平尾涉及俯仰舵面的操纵，一旦结冰，飞机纵向的俯仰操纵将受到更为严重的影响。但是在平稳下滑阶段，几乎不进行俯仰操纵，根据文献[240]和[241]的研究知道，平尾结冰相对于机翼结冰，对飞机的纵向升力和阻力产生的影响较小，因此可以推断出，在相同程度的平尾结冰和机翼结冰条件下，平尾结冰对应的反向可达集结果，即安全包线比机翼结冰对应的安全包线范围更大。仿真结果如图 8.17 所示，当结冰程度同为 0.1 时，相比于机翼结冰，平尾结冰对应的可达集结果在低速区域和负航迹倾角区域更扩张，而在高速区域范围有略微的收缩，这与实际情况相对应。

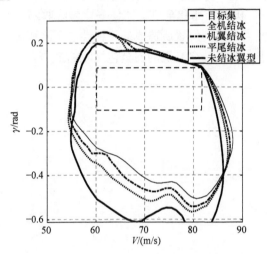

图 8.17　不同位置结冰后的可达集对比

8.3　本 章 小 结

本章分别从飞机质量、飞行迎角、结冰冰型以及襟翼偏角对着陆可达集的影响进行了分析，得出了不同影响因素对安全包线的影响作用。将不同位置结冰条件下的飞机模型进行区别，分别得到了机翼结冰、平尾结冰、全机结冰条件下的安全包线。通过本章的计算和分析，主要得出以下相关的结论。

(1) 质量减小后，重力引起的对升力的削减作用降低，并且对阻力的分量减小，因此在升力增加、阻力减小的情况下，着陆飞机具有更加良好的气动特性，飞机的空气动力学特性变得更好，安全包线会较最大着陆质量时扩张。

(2) 迎角增大后，可达集结果表示的可达集范围收缩，安全包线范围减小，这是因为迎角增加后，飞机的升力系数与阻力系数同时增加，并且阻力系数对于系统的影响大于升力系数对系统的作用，因此整体的系统有幅度较小的性能恶化，这导致系统的安全包线收缩。

(3) 本章定义的 I 型冰安全包线收缩程度比 II 型冰和 III 型冰的安全包线收缩程度小，收缩程度最大的是 III 型冰代表的槽形冰条件下的安全包线，随着可选择的着陆迎角范围的增加, 有利于取得迎角最优值使得哈密顿-雅可比方程最大化, 从而使得求得的可达集范围增加, 着陆安全包线范围增大。

(4) 在襟翼偏角较大的模式下, 可达集的范围也更大, 即襟翼偏角的增大使得飞机的可操纵范围增加, 飞机的安全飞行速度范围增大, 安全性更好。着陆阶段襟翼打开后升力增加, 安全状态允许的最小速度减小, 速度范围增加。

(5) 平尾结冰、机翼结冰和全机结冰使安全包线收缩, 对飞机飞行安全造成影响, 并且结冰发生在不同位置所造成的飞行性能下降程度不同, 其中, 平尾结冰造成的影响最小, 全机结冰飞机的安全包线收缩最严重。

第9章 基于可达集方法的结冰飞机着陆阶段安全风险评估

飞机在着陆过程中极易发生结冰的现象，结冰对于飞行安全造成的危害极为严重，结冰导致飞机发生危险的原因是机翼或尾翼被冰层覆盖后空气动力学行为发生改变，飞机受力异常难以控制。本章以求解得到可达集为基础，使用极值定理分析结冰飞机的风险概率模型，由模型计算不同情况下飞机的风险概率，最终得到飞机着陆阶段的安全风险评估，并由评估结果指导驾驶员操纵，从而保证飞机的安全飞行。

9.1 极端条件下的飞行危险性分析

飞机发生危险是设计者、使用者都极力避免的，但是就目前整个航空业的现状来看，并不能完全规避风险的发生，这就需要研究者探究风险发生的整个过程，考虑每个环节或因素。发生风险一般会导致系统的失稳，进而导致灾难性的后果，因此有必要梳理造成失稳的原因。

根据相关的事故和研究来看，造成人机闭环失稳的条件有以下三个方面，如图 9.1 所示。

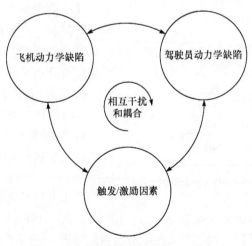

图 9.1 造成人机闭环失稳的条件

(1) 飞机动力学缺陷。该问题的起因包括飞机本身结构、飞行控制系统和可用环境/飞行状态的显示缺陷，例如，本章所分析的飞机质量等因素造成飞行的动力学问题就属于飞机本体的原因。另外，飞控系统是飞机控制的关键，一般采用多余度的手段避免该问题的发生。

(2) 触发/激励因素。触发因素主要是来自飞机飞行所处环境的干扰，如突风或其他扰动造成闭环系统的模态改变，本书所述的结冰对于飞行安全的影响就属于此类条件，结冰引起飞机的动力学异常。

(3) 驾驶员动力学缺陷。人机闭环系统中人是核心因素，人对于飞行的影响是最核心的，一旦驾驶员操纵失误，飞机发生风险的概率将大大提高。

当综上所得的三个条件同时发生时，飞机将发生振荡。当闭环振荡频率在 1Hz 附近时，已发生极其严重甚至灾难性的人机闭环失稳。

当飞机结冰时，飞机的动力学特性发生改变，尤其是当机翼或平尾结冰时，空气对飞机产生的气动力会成为飞机发生振荡的激励因素，此时驾驶员的操纵极易使飞机发生振荡，甚至失控。因此，对结冰飞机的风险进行预测，可为飞机的飞行提供预警信息，降低发生风险的可能性。

对飞机进行风险评估的流程主要包括以下内容。

首先对所评估的内容或场景进行确定，得到具体场景的特点，由此确定风险评估的想定和得到数据的途径，这是风险评估的基础；

其次根据想定的内容，对系统输入等进行控制，得到评估的数据，从其中提取出极值模型，并对极值模型的准确性进行检验；

最后将所计算的标准值代入极值模型，本章是将安全包线作为评估的标准，得到关键变量，代入极值模型中，对风险概率进行计算，最终得到风险评估结果。

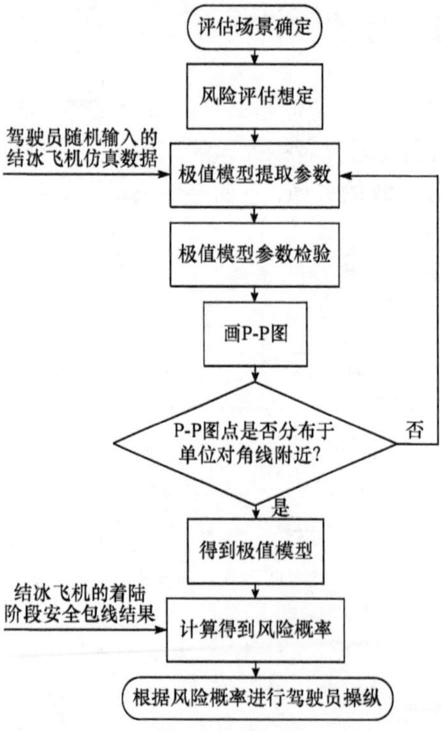

结冰飞机风险评估流程图如图 9.2 所示。其中 P-P 图是根据变量的累积比例与指定分布的累积比例之间的关系所绘制的图形。通过 P-P 图可以检验数据是否符合指定的分布，当数据符合指定分布时，P-P 图中各点近似呈一条直线。

图 9.2 结冰飞机风险评估流程图

9.2　飞机结冰风险评估想定

第 3 章中可达集是基于四维动力学方程计算的, 根据动力学方程, 可以看出速度与航迹倾角随时间的变化率能够提取出来进行计算[226], 在不考虑俯仰角速度和迎角对于飞机风险发生的影响的条件下分析飞机结冰风险, 将方程取为二维系统方程来计算二维可达集。

二维可达集计算的结果是在不考虑高度限制的条件下进行的, 结果是由速度和航迹倾角组成的所有安全状态的集合。本节将二维可达集作为安全评估的标准, 分析不同结冰程度时的风险概率[238-243]。由于结冰飞机飞行试验风险很大, 代价难以接受, 所以一般的风险评估使用地面模拟飞行的数据进行数值分析, 由此得到概率结果。

由第 3 章着陆安全可达集分析可知, 着陆时飞机的安全稳定状态应该处于速度、航迹倾角的合理范围内, 因此将飞机的状态超出可达集范围作为危险发生的判据, 速度大于或小于可达集计算结果就认为飞机可能发生危险, 或航迹倾角超出给定范围就认为飞机即将发生危险。用概率表达式可以表示为以下形式[244]:

$$\begin{cases} P_d=1, & V<V_{\min} \text{ 或 } V>V_{\max} \\ P_d=1, & \gamma<\gamma_{\min} \text{ 或 } \gamma>\gamma_{\max} \end{cases} \quad (9.1)$$

式中, P_d 为发生危险的概率。

9.3　极　值　理　论

通常为了对飞机飞行风险概率进行计算, 最需要得到的是关键参数各自状态下的概率密度函数, 知道了概率密度函数, 就可以根据关键参数的数值对飞行风险进行预测, 计算出相应的飞行风险概率[245,246], 最终可以为驾驶员操纵飞行进行辅助决策。但是, 在各种已知条件下, 和安全关系密切的关键参数很难获得其极值分布的解析解情况, 并且即使得到了关键参数的极值分布解析解, 其概率密度函数的计算也是极其复杂的。

目前, 关于飞行风险概率计算方法中, 有学者利用蒙特卡罗方法对飞行进行大量仿真。最终, 根据大量仿真的结果, 提取其中发生风险的次数, 该值除以总的仿真试验次数, 所得的数值作为飞行风险概率值[247]。但是这种方法的计算任务量巨大, 花费时间较长, 不能满足当下的飞行风险预测需求。特别是这种小概率事件, 民用航空飞机的风险概率要求在 10^{-9} 以下, 想要通过一般的概率计算方式得到概率结果, 所需的计算量更是极其巨大。

和飞机飞行发生风险事件类似的事件在实际中还存在许多, 其特点相似, 都属于低概率、发生后损失非常惨重，如金融风险、保险公司的巨额赔付、重大的自然灾害等。其风险概率的计算对于人们进行决策具有很重要的参考价值，但是同样其概率密度函数的获取也是非常困难的。

在经济和金融界，极值理论的应用比较广泛，其分析低频高危的事件有着其特有的优势[248,249]。作为极值，其在数学上的定义为随机变量中的极端数据，在统计学中的表现就是数据集合中的极大值或者极小值。这些极端数据对应的事件称为极端事件。在飞行风险的预测中，如前面所述，飞机发生风险称为极端事件，而极端事件对应的数据体现就是关键飞行参数的极值[250,251]。

假设独立同分布的随机变量的事件集合为 $X=\{X_1,X_2,\cdots,X_n\}$，并且这些变量的概率密度函数为 $f(x)$，它们的分布函数为 $F(x)=P\{X_i \leqslant x\}$。$M_n=\max\{X_1,X_2,\cdots,X_n\}$，为随机变量中的最大值。按照一般的概率计算方式，$M_n$ 的概率分布计算可以表示为

$$P\{M_n \leqslant x\} = P\{X_1 \leqslant x, \cdots, X_n \leqslant x\}$$
$$= P\{X_1 \leqslant x\} \times \cdots \times P\{X_n \leqslant x\} \tag{9.2}$$
$$= F^n(x)$$

式中，$X_i(i=1,2,\cdots,n)$通常表示某个过程在一定确定的条件下，发生的事件或者采集到的随机事件对应的变量值，例如，其可以为给定电路每一次通电后的电流大小，或者为某地雨季每次降水的降水量大小等。M_n 表示每次采集数据过程中出现的最大值。如果 n 为所有的观测次数，M_n 就是所有观测值中的最大值。

在实际中，如果已经获取了分布函数，那么概率的计算就非常容易。但是有一些情况的概率分布采用理论计算的方式是行不通的，无法求得分布函数，这是因为对于一些复杂系统或者出现次数较少的随机变量，其分布函数的计算极其困难，并且即使能够根据样本的观测值通过估算得到一个近似的分布函数，若想知道极值的分布，也要计算所得的分布函数的 n 次方，非常小的误差也会被放大到难以接受的程度。

而极值理论认为，在不需要知道独立同分布的随机变量的累积概率分布的条件下，就可以得到极值的分布函数，这是因为随着样本容量的增加，极值的分布渐近地趋于一个确定的分布函数。

定理 9.1 (Fisher-Tippet 极值类型定理)　如果存在常数序列 $\{a_n>0\}$ 和 b_n，使得当 $n \to \infty$ 时：

$$P\{(M_n-b_n)/a_n \leqslant z\} \to G(z) \tag{9.3}$$

式中，G 为非退化分布函数。那么 G 的分布函数肯定属于以下三种分布之一。

Ⅰ型分布：

$$G_1(z) = \exp(-e^{-z})$$

Ⅱ型分布：

$$G_2(z) = \begin{cases} 0, & z \leqslant 0 \\ \exp(-z^{-\alpha}), & z > 0 \end{cases}$$

Ⅲ型分布：

$$G_3(z) = \begin{cases} \exp\left[-(-z)^\alpha\right], & z \leqslant 0 \\ 1, & z > 0 \end{cases}$$

在以上的分布方程中，α 的取值为大于零的正数。a_n、b_n 称为规范化常数。Ⅰ型分布模型称为 Gumbel 分布，Ⅱ型分布模型称为 Fréchet 分布，Ⅲ型分布模型称为 Weibull 分布。根据上述的定理可以看出，无论样本的分布函数有多复杂，它都可以使用以上三种分布中的一种，对 $(M_n-b_n)/a_n$ 的分布情况进行分析研究。

Ⅰ型、Ⅱ型、Ⅲ型分布模型的概率密度函数分别表示为

$$g_1(z) = \exp(-z - \mathrm{e}^{-z}), \quad -\infty < z < \infty \tag{9.4}$$

$$g_2(z;\alpha) = \alpha z^{-(1+\alpha)} \exp(-z^{-\alpha}), \quad z > 0 \tag{9.5}$$

$$g_3(z;\alpha) = \alpha(-z)^{\alpha-1} \exp[-(-z)^\alpha], \quad z \leqslant 0 \tag{9.6}$$

通过三种分布的概率密度函数来看，Ⅰ型分布模型的概率密度函数在 z 趋向于正无穷时会呈指数趋势 e^{-z} 递减；Ⅱ型分布模型的概率密度函数呈多项式的形式 $z^{-\alpha}$ 递减，其尾部较长；Ⅲ型分布模型的概率密度函数有有限的上端点。

上述的分布对于极值分布的分析为计算风险提供了方法，但是具体的问题需要集中在分布模型的选取上，模型选取不当，导致的结果将是风险预测的偏差，甚至非常的不准确。样本的分布与模型选取之间的联系体现在参数的选区范围，在上述的三种分布中，如何选取参数的合理范围，而后确定分布模型的类型成为关键，为此，有效地实现三种分布模型的统一可以解决实际应用的需求。

将Ⅰ型、Ⅱ型、Ⅲ型分布模型展开进一步的推广，引入位置参数(location parameter) μ 与尺度参数(scale parameter) σ 对三种类型的分布进行描述，三种类型的分布模型可以写为

Ⅰ型分布：

$$G_1(z;\mu,\sigma) = \exp\left[-\exp\left(-\frac{z-\mu}{\sigma}\right)\right]$$

Ⅱ型分布

$$G_2(z;\mu,\sigma,\alpha) = \begin{cases} 0, & z \leqslant \mu \\ \exp\left[-\left(\dfrac{z-\mu}{\sigma}\right)^{-\alpha}\right], & z > \mu \end{cases}$$

Ⅲ型分布：

$$G_3(z;\mu,\sigma,\alpha) = \begin{cases} \exp\left\{-\left[-\left(\dfrac{z-\mu}{\sigma}\right)^{\alpha}\right]\right\}, & z \leqslant \mu \\ 1, & z > \mu \end{cases}$$

虽然三种分布在表达式形式上差异较大，但是仍然可以通过变换将三种分布模型进行统一。首先来看以下的数学变形：

$$\frac{Z-\mu}{\sigma} \sim G_2 \Leftrightarrow \ln\left(\frac{Z-\mu}{\sigma}\right)^{\alpha} \sim G_1 \Leftrightarrow -\left(\frac{Z-\mu}{\sigma}\right)^{-1} \sim G_3 \tag{9.7}$$

通过式(9.7)的数学关系转换，可以将三种模型分布用同一种形式进行表达，表达式为

$$G(z) = \exp\left\{-\left[1+\xi\left(\frac{z-\mu}{\sigma}\right)\right]^{-1/\xi}\right\} \tag{9.8}$$

式中，$-\infty < \mu < \infty$，$\sigma > 0$，$-\infty < \xi < \infty$；ξ 为形状参数(shape parameter)；G 为广义极值(generalized extreme value，GEV)分布族。式(9.8)中的 ξ 决定了分布模型的类型：

当 $\xi \to 0$ 时，$G(z)$ 的分布最终趋于 $G(z) = \exp\left[-\exp\left(-\dfrac{z-\mu}{\sigma}\right)\right]$，即表示 Gumbel 分布；

当 $\xi > 0$ 时，$\alpha = 1/\xi$，$G(z)$ 表示 Fréchet 分布；

当 $\xi < 0$ 时，$\alpha = -1/\xi$，$G(z)$ 表示 Weibull 分布。

这里分别给出当 $\xi = -0.5$、0、0.5，$\mu = 0$，$\sigma = 1$ 时，广义极值分布(分别对应于 Weibull 分布、Gumbel 分布、Fréchet 分布)的概率密度曲线及其相应的分布函数曲线，分别如图 9.3 和图 9.4 所示。

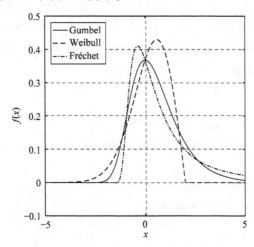

图 9.3　三种极值分布的概率密度曲线

广义极值理论中，极值的分布由形状参数 ξ、标准化常数 μ 及 σ 三个参数来决定。采用极大似然法可以对上述三个未知参数进行计算，得到估计值 $\hat{\xi}$、$\hat{\mu}$、$\hat{\sigma}$，将其代入 GEV 模型中便可得到极值分布 F 的最大似然分布 $\hat{F}$。

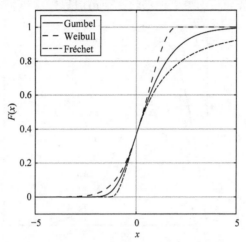

图 9.4　三种极值分布的分布函数曲线

9.4　参数提取和检验

9.4.1　参数的提取

为了计算飞机结冰条件下的风险概率，首先设定初始着陆飞行状态：初始飞行的高度为 100m，速度为 80m/s，初始航迹倾角为-3°。此状态下，飞机处于平稳下滑阶段，发生结冰或者结冰积累一定程度后，飞机飞行将受到干扰，驾驶员需要对飞机进行操纵，使飞机能够保持下滑状态进行平稳的着陆。但是这时的驾驶员操纵有可能将飞机操纵至失稳状态，最终发生危险事故。因此，风险评估前首先对驾驶员操纵行为进行建模。

驾驶员操纵模型是根据文献[252]中所提供的模型来确定的，其模型可以用如下所示的公式来表达：

$$f(x)=\frac{(x-x_0)}{\sigma^2}\exp\left[-\frac{(x-x_0)^2}{2\sigma}\right]u(x-x_0) \tag{9.9}$$

式中，x_0 为操纵量需要变化的值；σ 为模型参数；函数 $u(x)$ 为单位阶跃函数，当 $x>0$ 或者 $x=0$ 时，$u=1$；否则 $u=0$。在驾驶员操纵模型中，只有两个参数 x_0 和 σ，这两个参数的取值能够反映驾驶员的训练水平、经验技巧和心理状态等因素。图 9.5 为根据驾驶员输入模型概率密度曲线，直观地观察可以发现，驾驶员的操纵特点，在合理的操纵情况下，其输入值的概率较大，超出合理范围的操纵虽然出现的情况相对较少，但是仍然有可能出现。

使用驾驶员操纵模型作为输入，获取飞机动力学模型的响应输出，输出结果是关于飞行关键参数的状态值，根据状态值可以界定飞机是否发生风险事件。

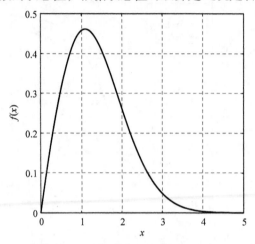

图 9.5　驾驶员输入模型概率密度曲线

对上述过程进行多次的蒙特卡罗仿真，可获得大量的响应输出结果，根据统计学和概率论的知识可知，仿真次数越多，得到的样本容量越大，统计结果就越接近真实情况，因此仿真次数需要足够多。另外，为了减少计算机的计算任务量，节省仿真时间，取 1000 次仿真结果进行分析。

根据分析结果，需要选择合适的极值分布模型来计算风险概率。飞机发生风险的定义可以描述为关键的飞行参数超过对应飞行状态下的限制值，其概率评估的方法即根据关键飞行参数的大小进行计算。

在纵向通道上，当关键的飞行参数超出限制值时，例如，飞行中迎角超过了最大迎角，或者纵向速度小于最小的失速速度，就认为飞机发生风险的概率为 1，即飞机发生了风险，这些定义和描述对于结冰飞机的风险评估同样是适用的。

9.4.2　参数的检验

在模型选择确定后，如何检验模型的正确性对于计算结果的准确性是很有必要的。绘制 P-P 图是检验极值模型的基本方法[245, 253]。

绘制 P-P 图的基本原理与方法介绍如下，假设现有一组统计量 $x_1, x_2, \cdots, x_n$，其分布情况未知，但是其服从同一分布函数，而服从的分布函数难以确定。现在利用极值定理的方法，通过极大似然法等手段求出模型中的关键参数，从而求得 $x_1, x_2, \cdots, x_n$ 服从的分布函数模型。若要对参数进行检验，看参数确定后的极值分布模型是否与原样本数据的分布一致，则首先进行以下过程[249]。

将统计量 $x_1, x_2, \cdots, x_n$ 进行大小次序排列：

$$x_1 \leqslant x_2 \leqslant \cdots \leqslant x_n \tag{9.10}$$

将经验分布函数的定义由如下公式表达：

$$\tilde{F}(x_i) = \frac{i}{n+1}, \quad i = 1, 2, \cdots, n \tag{9.11}$$

式中，$F(x_i)$ 为第 i 个次序统计量对应的经验分布函数。F 为对分布函数 F 的估计，如果对 F 分布函数的估计是正确的，那么经验分布函数与根据极大似然法等手段计算所得的分布函数是一致的，否则说明计算所得分布函数可信度较低或者不可信。

统计量所对应的 P-P 图由以下数据点绘制：

$$\left(\hat{F}(x_i), \ \frac{i}{n+1} \right), \quad i = 1, 2, \cdots, n \tag{9.12}$$

$\hat{F}(x_i)$ 是根据极大似然法计算所得的分布函数，对应第 i 个统计量的分布函数值。如果对分布函数的估计准确，那么 P-P 图的散点应分布于单位对角线附近区域；如果 P-P 图的散点与单位对角线的距离较大，则可以说明所计算的分布模型是不准确的，存在误差。

下面通过简单的算例对极值理论参数的检验进行说明。

假设存在一组服从正态分布的统计量 X_0，其服从的正态分布为 $X \sim N(-2, 2)$，这是一组已知分布的统计量。在实际的应用计算时，对于该组统计量，无须通过参数提取获得其统计模型，但是为了对参数检验进行例证说明，仍然通过极大似然法获得该组统计量在极值理论的方法下所取得的模型。

通过计算该组统计量服从 Gumbel 分布，关键参数 $\hat{\xi} = 0$、$\hat{\mu} = -2$、$\hat{\sigma} = 2$，将正态分布 $X \sim N(-2, 2)$ 的概率密度曲线与 Gumbel 分布的概率密度曲线进行对比，如图 9.6 所示。

在概率密度曲线的对比中发现，两者相似，而后可以根据画 P-P 图的方法检验两者的相似程度是否符合要求。在算例中，统计量包括 100 个数据。利用 Gumbel 分布模型计算对应的估计概率：

$$\hat{G}(z_i) = \exp\left[-\exp\left(-\frac{z_i + 2}{2} \right) \right], \quad i = 1, 2, \cdots, 100 \tag{9.13}$$

将 $\left(\hat{G}(z_i), \dfrac{i}{201} \right)$ 在坐标系中进行描点，与单位对角线进行对比，结果如图 9.7 所示。

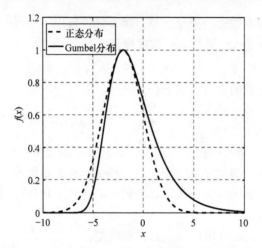

图 9.6 正态分布与 Gumbel 分布概率密度曲线对比

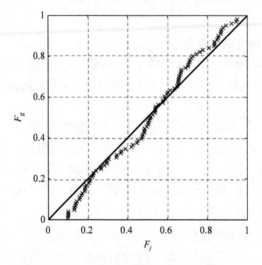

图 9.7 分布模型参数检验 P-P 图

图中，F_j 为实际数据累积比例，F_g 为对应正态分布累积比例。由 P-P 图的结果显示，数据点绘制的散点图紧密地分布在单位对角线附近区域，能够说明所估计的模型是可信的，估计的参数是准确的，分布模型能够用于计算原数据代表的概率信息。

9.5 风险概率计算

将飞机质点动力学方程降维成二维方程，即不考虑高度这一状态变量，仅对速度和航迹倾角进行可达集的求解，可达集计算之后可以得到飞机的速度和航迹倾角的安全范围，将这一安全范围作为飞机风险评估的判据，即状态超出安全范围内就认为飞机将发生危险。在计算风险概率时，风险的定义应该是飞机的失控，即接地之前或者接地瞬间飞机失去控制，而不包括飞机可控状态下飞机着陆后冲出跑道或者飞机结构受损，因此不将飞机速度较大并且不适合着陆的情况作为风险定义。接下来计算风险时考虑航迹倾角或速度超过较小极值时的情形。

当未结冰时所得到的可达集结果如图 9.8 所示。根据结果，航迹倾角或速度的较小极值在虚线以内，虚线所在直线为

$$\gamma + 0.189V = 0.7274 \tag{9.14}$$

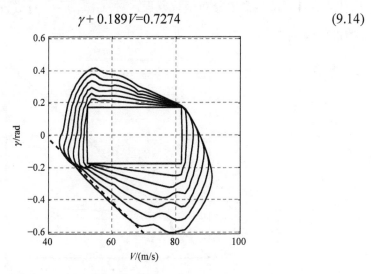

图 9.8　未结冰时的安全包线

安全包线所在区域都应该满足以下条件：

$$\gamma + 0.0189V > 0.7274$$
$$V > 43.6\text{m/s} \tag{9.15}$$
$$\gamma > -0.56\text{rad}$$

为计算风险概率，定义变量 d，其值为

$$d = -(\gamma + 0.0189V) \tag{9.16}$$

基于提取的参数，本节对根据速度 V 和航迹倾角 γ 的参数极值计算所得的变量 d 进行参数辨识，分别可以得到变量 d 的极值分布 GEV 模型。

本节选择 Gumbel 分布模型作为极值模型进行计算。这是因为 d 取值的意义表示航迹倾角与速度组合的取值，该取值在一个合理范围内，较大或较小都会表征飞机发生危险。从三种极值分布的概率密度曲线来看，Fréchet 分布与 Weibull 分布分别存在左端点与右端点。实际中飞机 d 的取值既可能增大，也可能减小，因此采用 Gumbel 分布最能体现出这一特性。而本节研究中，着陆阶段的航迹倾

角控制为负值，速度控制在减速阶段，因此只考虑 d 的取值小于计算安全范围时的风险情况。

对于变量 d ，$\mu_d = -1.6083$ 、$\sigma_d = 0.0425$ ，概率计算方程可表示如下：

$$G(d) = \exp\left[-\exp\left(-\frac{d+1.6083}{0.0425} \right) \right] \tag{9.17}$$

接下来进行参数检验，首先将选取的数据进行大小次序排列，而后将数据依次代入到计算所得概率分布函数方程，对 $\left(G(d_{(i)}), \dfrac{i}{n+1} \right)$ 进行描点，画出的 P-P 图如图 9.9 所示。

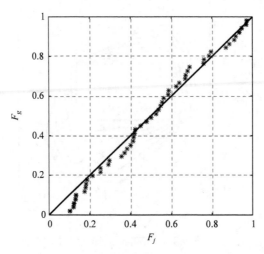

图 9.9　参数检验 P-P 图

根据图 9.9 可以看出，P-P 图描点的散点密集地分布在单位对角线附近，可以说明所估计出的参数代入分布模型后所得的概率分布可以准确地对统计量进行描述。

由上述计算可得，在飞机未结冰时，$d = -0.7274$，飞行风险概率是

$$P = 1 - G(d) = 9.9621 \times 10^{-10} \tag{9.18}$$

当结冰程度为 0.1 时，所得到的可达集结果如图 9.10 所示。根据结果，仍然将航迹倾角或速度的较小极值限制在虚线以内，虚线所在直线为

$$\gamma + 0.0189V = 0.8546 \tag{9.19}$$

安全包线所在区域都应该满足以下条件：

$$\begin{cases} \gamma + 0.0189V > 0.8546 \\ V > 53.5\text{m/s} \\ \gamma > -0.46\text{rad} \end{cases} \tag{9.20}$$

当结冰程度为 0.1 时，气动力和气动特性发生改变，安全包线收缩，飞行状态超出可控范围的可能性大大提高，风险概率增大，此时 $d = -0.8546$，根据 Gumbel 分布模型计算所得，此时的飞行风险概率为

$$P = 1 - G(d) = 1.9869 \times 10^{-8} \qquad (9.21)$$

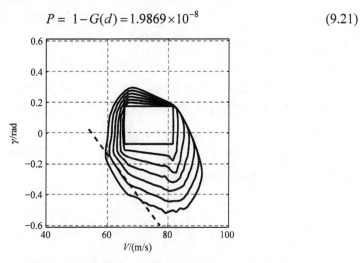

图 9.10　结冰程度为 0.1 时的安全包线

当结冰程度为 0.2 时，所得到的可达集结果如图 9.11 所示。根据上述的计算过程，航迹倾角或速度的较小极值限制在虚线以内，虚线所在直线为

$$\gamma + 0.0189V = 0.9852 \qquad (9.22)$$

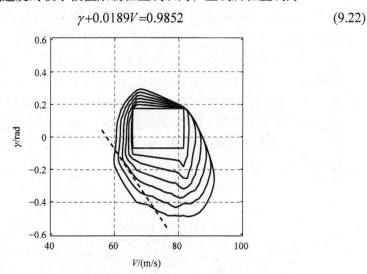

图 9.11　结冰程度为 0.2 时的安全包线

安全包线所在区域都应该满足以下条件：

$$\begin{cases} \gamma + 0.0189V > 0.9852 \\ V > 59.6\text{m/s} \\ \gamma > -0.51\text{rad} \end{cases} \tag{9.23}$$

当结冰程度为 0.2 时，由于气动特性改变进一步加剧，安全包线进一步收缩，此时 $d = -0.9852$，风险概率由概率模型计算可得

$$P = 1 - G(d) = 4.2927 \times 10^{-7} \tag{9.24}$$

当风险概率小于 10^{-8} 时，认为结冰严重程度属于"极小的"范畴，可认为飞机不会发生风险；当风险概率为 $10^{-8} \leqslant P < 10^{-6}$ 时，驾驶员应当开启除冰装置，从而不会发生危险；当风险概率为 $P \geqslant 10^{-6}$ 时，驾驶员应当立即改变飞行路线，使飞机驶离结冰区。当速度或航迹倾角大于限制值时，驾驶员不应继续着陆，而应当改出着陆阶段，调整状态后重新进行着陆。

9.6　本 章 小 结

本章利用计算所得的可达集结果，提取出航迹倾角和速度组成的安全包线，经过计算机仿真的驾驶员输入模型，计算出对应状态的响应结果，通过统计学方法确定相应参数，并根据极值理论建立飞机安全风险模型，分析出不同结冰条件下的风险概率，根据结冰风险概率对驾驶员操纵提出指导，创新地提出利用可达集评估结冰风险，所得的风险评估结果对于研究结冰引起的飞行安全和适航性问题具有重要意义。

本章提出的以可达集为安全包线的结冰飞行风险评估方法，能够得到飞机超出结冰后安全包线的风险概率，该方法能够用来定量地计算不同结冰程度下的飞行风险，并且能够指导驾驶员进行合理的操纵，保证飞机始终在安全范围内飞行，从而规避危险。风险评估方法综合考虑了飞机结冰后气动特性的改变、操纵特性对飞机安全的影响和关键参数的限制，为评价飞行风险提供了思路，为结冰后飞行保护提供了设计参考。

参 考 文 献

[1] 倪亚琴. 飞机结冰的危害和解除. 国际航空, 2004, (3): 44-46.

[2] Reehorst A, Ghung J, Potapczuk M. Study of icing effects on performance and controllability of an accident aircraft. Journal of Aircraft, 2000, 137(2): 253-259.

[3] Buck R. Aircraft Icing. Safety Advisor[Technical Report]. Frederick: AOPA Air Safety Foundation, 2008.

[4] Petty K R, Floyd C D J. A statistical review of aviation airframe icing accidents in the US. The 11th Conference on Aviation, Range, and Aerospace, Hyannis, 2004.

[5] 谢燕生. 飞机结冰失事的分析和预防. 国际航空, 1992, (12): 33-34.

[6] National Transportation Safety Board. National Transportation Safety Board Aircraft Accident Report in-Flight Fire/Emergency Landing Federal Express Flight 1406 Douglas DC-10-10, N68055[Technical Report]. New York: National Transportation Safety Board, 1996.

[7] TransAsia Airways. GE 791 Occurrence Investigation Report: In-Flight Icing Encounter and Crash into the Sea, TransaAsia Airways Flight 791, ATR72-200[Technical Report]. Taipei: TransAsia Airways, 2005.

[8] Bilanin A J. Proposed modifications to ice accretion/icing scaling theory. Journal of Aircraft, 1991, 28(6): 353-359.

[9] Anderson D N. Methods for scaling icing test conditions. The 33th AIAA Aerospace Sciences Meeting and Exhibit, Reno, 1995.

[10] Anderson D N. Further evaluation of traditional icing scaling methods. The 34th AIAA Aerospace Sciences Meeting and Exhibit, Reno, 1996.

[11] Canacci V A, Gonsalez J C, Spera D A. Scale model icing research tunnel validation studies. The 36th AIAA Aerospace Sciences Meeting and Exhibit, Reno, 1998.

[12] Anderson D N, Ruff G A. Evaluation of methods to select scale velocities in icing scaling tests. The 37th AIAA Aerospace Sciences Meeting and Exhibit, Reno, 1999.

[13] 裘燮纲, 韩凤华. 飞机防冰系统. 北京: 航空专业教材编审组, 1985.

[14] 易贤, 朱国林, 刘志涛, 等. 积冰问题的数值预测和积冰试验相似准则研究. 探索、传新、交流(第二集)//第二届中国航空学会青年科技论坛文集. 北京: 航空工业出版社, 2006.

[15] Federal Aviation Administration. Part 25-Airworthiness Standards: Transport Category Airplanes. Washington: Federal Aviation Administration, 1990.

[16] Thomas J V. Overview and risk assessment of icing for transport category aircraft and components. The 40th AIAA Aerospace Sciences Meeting and Exhibit, Reno, 2002.

[17] Lozowski E P, Oleskiw M M. Computer simulation of airfoil icing without runback. The 19th AIAA Aerospace Sciences Meeting and Exhibit, St. Louis, 1981.

[18] Shaw R J, Sotos R G, Solano F R. An experimental study of airfoil icing characteristics. The

20th AIAA Aerospace Sciences Meeting and Exhibit, Orlando, 1982.

[19] Macarthur C D. Numerical simulation of airfoil ice accretion. The 21th AIAA Aerospace Sciences Meeting and Exhibit, Reno, 1983.

[20] Ruff G A. Verification and application of the icing scaling equations. The 24th AIAA Aerospace Sciences Meeting and Exhibit, Reno, 1986.

[21] Paraschivoiu I, Tran P, Brahimi M T. Prediction of ice accretion with viscous effects on aircraft wings. AIAA Journal of Aircraft, 1994, 31(4): 855-861.

[22] James W M. In-flight characterization of aircraft icing. Champaign: University of Illinois at Urbana, 2004.

[23] 张智勇. 结冰飞行动力学特性与包线保护控制律研究. 南京: 南京航空航天大学, 2006.

[24] John W, Pope A. Wind tunnel testing. Quarterly Journal of the Royal Meteorological Society, 1956, 82(354): 549.

[25] Armand C, Charpin F, Fasso G. Techniques and Facilities at the ONERA Modane Centre for Icing Tests[Technical Report]. Washington: Advisory Group for Aerospace Research and Development, 1977.

[26] Civil Aviation Authority. Aircraft Icing Handbook. Lower Hutt: Civil Aviation Authority. 2000.

[27] Politovich M K. Aircraft icing. Encyclopedia of Atmospheric Sciences, 2003, 358(1776): 68-75.

[28] 谢坤. 结冰翼型气动力特性数值模拟. 南京: 南京航空航天大学, 2009.

[29] Richard K J. A History and Interpretation of Aircraft Icing Intensity Definitions and FAA Rules for Operating in Icing Conditions[Technical Report]. Washington: Federal Aviation Administration, 2001.

[30] Sharon M J, Mary S R, Joni K E, et al. Subsonic aircraft safety icing study[Technical Report]. Hampton: NASA/Langley Research Center, 2008.

[31] 陈维建, 张大林. 飞机机翼结冰过程的数值模拟. 航空动力学报, 2005, 20(6): 1010-1017.

[32] Sait Alansatan M P, Seltmann M. Experimental study of simulated ice shapes on a NACA0011 airfoil. The 37th AIAA Aerospace Sciences Meeting and Exhibit, Reno, 1999.

[33] Potapczuk M G, Berkowitz B M. An experimental investigation of multi-element airfoil ice accretion and resulting performance degradation. The 27th AIAA Aerospace Sciences Meeting and Exhibit, Reno, 1989.

[34] 胡娅萍. 航空发动机进口部件积冰的数值模拟研究. 南京: 南京航空航天大学, 2008.

[35] 韩凤华, 左颜声, 李东亮. 飞机风挡防冰热载荷计算. 航空学报, 1995, 16(1): 33-37.

[36] 常士楠, 王长和, 韩凤华. 飞机天线罩冰情况研究. 航空学报, 1997, 18(4): 423-426.

[37] Tuncer C, Jian P S, Fassi K, et al. 工程计算流体力学. 符松译. 北京: 清华大学出版社, 2008: 17-26.

[38] 盛强, 刑玉明. 飞机防/除冰系统的应用现状和发展. 飞机工程, 2008, (2): 10-14.

[39] 张广林. 未来重型运输直升机的发展. 航空科学与技术, 2007, (6): 7-11.

[40] Carroll T C, McAvoy W H. Formation of ice on airplanes. Airway Age, 1928: 58-59.

[41] Jacobs E N. Airfoil Section Characteristics as Affected by Protuberances[Technical Report]. Washington: National Advisory Committee for Aeronautics, 1932.

[42] Brumby R E. Effects of Adverse Weather on Aerodynamics[Technical Report]. Washington:

Advisory Group for Aerospace Research and Development, 1991.

[43] Brumby R E. The Effect of Wing Ice Contamination on Essential Flight Characteristics[Technical Report]. Washington: Advisory Group for Aerospace Research and Development, 1991.

[44] Bragg M B. Experimental aerodynamic characteristics of an NACA 0012 airfoil with simulated glaze ice. Journal of Aircraft, 1988, 25 (9): 849-854.

[45] Preston G M, Blackman C C. Effects of Ice Formations on Airplane Performance in Level Cruising Flight[Technical Report]. Washington: National Advisory Committee for Aeronautics, 1948.

[46] Gray V H, von Glahn U H. Effect of Ice and Frost Formations on Drag of NACA 651-212 Airfoil for Various Modes of Thermal Ice Protection[Technical Report]. Washington: National Advisory Committee for Aeronautics, 1953.

[47] von Glahn U H, Gray V H. Effect of Ice Formations on Section Drag of Swept NACA 63A-009 Airfoil with Partial-span Leading Edge Slat for Various Modes of Thermal Ice Protection[Technical Report]. Washington: National Advisory Committee for Aeronautics, 1954.

[48] Gray V H, von Glahn U H. Aerodynamic Effects Caused by Icing of an Unswept NACA 65A004 Airfoil[Technical Report]. Washington: National Advisory Committee for Aeronautics, 1957.

[49] Gray V H. Prediction of Aerodynamic Penalties Caused by Ice Formations on Various Airfoils[Technical Report]. Washington: National Advisory Committee for Aeronautics, 1964.

[50] Gray V H. Correlations among Ice Measurements Impingement Rates Icing Conditions and Drag Coefficients for an Unswept NACA 65A004 Airfoil[Technical Report]. Washington: National Advisory Committee for Aeronautics, 1958.

[51] Leckman P R. Qualification of light aircraft for flight in icing conditions. SAE International Conference on Aircraft and Engine Icing and Ground Deicing, Washington, 1971.

[52] Laschka B, Jesse R E. Ice Accretion and Its Effects on Aerodynamics of Unprotected Aircraft Components[Technical Report]. Ottawa: Advisory Group for Aerospace Research and Development, 1977.

[53] Wilder R W. A Theoretical and Experimental Means to Predict Ice Accretion Shapes for Evaluating Aircraft Handling and Performance Characteristics[Technical Report]. Ottawa: Advisory Group for Aerospace Research and Development, 1977.

[54] Sundberg I M, Trunov O K. Methods for Prediction of the Influence of Ice on Aircraft Flying Characteristics[Technical Report]. Swedish: Soviet Working Group on Flight Safety, 1977.

[55] Jackson G C. AEROICE: A Computer Program to Evaluate the Aerodynamic Penalties Due to Icing[Technical Report]. Washington: Air Force Flight Dynamics Laboratory, 1979.

[56] Cebeci T. Effects of Environmentally Imposed Roughness on Airfoil Performance[Technical Report]. Washington: NASA, 1981.

[57] Bragg M R, Gregorek G M. Wind tunnel investigation of airfoil performance degradation due to icing. The 20th AIAA Aerospace Sciences Meeting and Exhibit, Orlando, 1982.

[58] Bragg M B, Coirier W J. Detailed measurements of the flowfield in the vicinity of an airfoil with

glaze ice. The 23th AIAA Aerospace Sciences Meeting and Exhibit, Reno, 1985.

[59] Bragg M B, Spring S A. An experimental study of the flowfield about an airfoil with glaze ice. The 25th AIAA Aerospace Sciences Meeting and Exhibit, Reno, 1987.

[60] Khodadoust A. A flow visualization study of the leading edge separation bubble on a NACA 0012 airfoil with simulated glaze ice. Columbus: Ohio State University, 1987.

[61] Bragg M B, Khodadoust A. Experimental measurements in a large separation bubble due to a simulated glaze ice accretion. The 26th AIAA Aerospace Sciences Meeting and Exhibit, Reno, 1988.

[62] Brag M B, Khodadoust A. Effect of simulated glaze ice on a rectangular wing. The 27th AIAA Aerospace Sciences Meeting and Exhibit, Reno, 1989.

[63] Ranaudo R J. Performance degradation of a typical twin engine commuter type aircraft in measured natural icing conditions. The 22th AIAA Aerospace Sciences Meeting and Exhibit, Reno, 1984.

[64] Potapczuk M G, Gerhart P M. Progress in the development of a Navier-Stokes solver for evaluation of iced airfoil performance. The 23th AIAA Aerospace Sciences Meeting and Exhibit, Reno, 1985.

[65] Potapczuk M G. Navier-Stokes analysis of airfoils with leading-edge ice accretions. Akron: The University of Akron, 1989.

[66] Zaman K B, Potapczuk M G. The low frequency oscillation in the flow over a NACA 0012 airfoil with an iced leading edge//Low Reynolds Number Aerodynamics. Berlin: Springer, 1989.

[67] Khodadoust A, Brag M B. Measured aerodynamic performance of a swept wing with a simulated glaze ice accretion. The 28th AIAA Aerospace Sciences Meeting and Exhibit, Reno, 1990.

[68] Bragg M, Khodadoust A, Soltant R, et al. Effect of a simulated ice accretion on the aerodynamics of a swept wing. The 29th AIAA Aerospace Sciences Meeting and Exhibit, Reno, 1991.

[69] Kwon O J, Sankar L. Numerical studies of the effects of icing on fixed and rotary wing aircraft aerodynamics. The 28th Aerospace Science Meeting, Reno, 1990.

[70] Kwon O, Sankar L. Numerical study of the effects of icing on finite wing aerodynamics. The 28th AIAA Aerospace Sciences Meeting and Exhibit, Reno, 1990.

[71] Potapczuk M G, Berkowitz B M. Experimental investigation of multielement airfoil ice accretion and resulting performance degradation. Journal of Aircraft, 1990, 27(8): 679-691.

[72] Potapczuk M G, Bragg M B, Kwon O J, et al. Simulation of iced wing aerodynamics. The 68th AGARD Fluid Dynamics Panel Specialist Meeting, Toulouse, 1991.

[73] Ratvasky T P. NASA/FAA tailplane icing program work plan. The 32th AIAA Aerospace Sciences Meeting and Exhibit, Reno, 1994.

[74] Hiltner D W, McKee M. DHC-6 Twin Otter Tailplane Airfoil Section Testing in the Ohio State University 7×10 Wind Tunnel[Technical Report]. Washington: NASA, 1995.

[75] Gregorek G, Dresse J J. Additional Testing of the DHC-6 Twin Otter Iced Airfoil Section at the Ohio State University 7×10 Wind Tunnel[Technical Report]. Washington: NASA, 1996.

[76] van Zante J F, Ratvasky T P. Investigation of dynamic flight maneuvers with an iced tailplane. The 37th AIAA Aerospace Sciences Meeting and Exhibit, Reno, 1999.

[77] Ratvasky T P, van Zante J F. In-flight aerodynamic measurements of an iced horizontal tailplane. The 37th AIAA Aerospace Sciences Meeting and Exhibit, Reno, 1999.

[78] Bragg M B. Aerodynamics of supercooled-large-droplet ice accretion and the effect on aircraft control. The 36th AIAA Aerospace Sciences Meeting and Exhibit, Reno, 1998.

[79] Bragg M B. Aircraft aerodynamic effects due to large droplet ice accretions. The 34th AIAA Aerospace Sciences Meeting and Exhibit, Reno, 1996.

[80] Lee S, Dunn T, Gurbacki H M, et al. An experimental and computational investigation of spanwisestep-ice shapes on airfoil aerodynamics. The 36th AIAA Aerospace Sciences Meeting and Exhibit, Reno, 1998.

[81] Dunn T A, Loth E, Bragg M B. Computational investigation of simulated large-droplet ice shapes on airfoil aerodynamics. Journal of Aircraft, 1999, 36(5): 836-843.

[82] Bragg M B, Hutchison T, Merret J, et al. Effect of ice accretion on aircraft flight dynamics. The 38th AIAA Aerospace Sciences Meeting and Exhibit, Reno, 2000.

[83] Pokhariyal D, Bragg M B, Hutchi S T, et al. Aircraft flight dynamics with simulated ice accretion. The 39th AIAA Aerospace Sciences Meeting and Exhibit, Reno, 2001.

[84] Whalen E, Lee S, Bragg M B, et al. Characterizing the effect of icing on aircraft performance and control from flight data. The 40th AIAA Aerospace Sciences Meeting and Exhibit, Reno, 2002.

[85] Lampton A, Valasek J. Prediction of icing effects on the lateral/directional stability and control of light airplanes. AIAA Atmospheric Flight Mechanics Conference and Exhibit, Keystone, 2006.

[86] Frank T L, Khodadoust A. Effects of ice accretions on aircraft aerodynamics. Progress in Aerospace Sciences, 2001, 37: 669-767.

[87] 于庆芳. Y12-II 型飞机自然结冰飞行试验报告. 哈尔滨: 哈尔滨飞机制造公司, 1987.

[88] 于庆芳. Y12-II 型飞机结冰对其飞行特性影响的试飞研究. 飞行力学, 1995, 13(2): 63-70.

[89] 上官云信, 贺德馨. 结冰模拟对运七飞机纵向气动特性的影响. 气动实验与测量控制, 1990, 4(3): 7-12.

[90] 李勤红, 乔建军, 陈增江. Y7-200A 飞机自然结冰飞行试验. 飞行力学, 1999, 17(2): 64-69.

[91] 钟长生, 洪冠新. 飞机翼面结冰对飞行特性影响的研究. 航空科学技术, 2004, 3: 32-34.

[92] 陈维建, 张大林. 瘤状冰结冰过程的数值模拟. 航空动力学报, 2005, 20(3): 472-476.

[93] 桑为民, 李凤蔚, 施永毅. 结冰对翼型和多段翼型绕流及气动特性影响研究. 西北工业大学学报, 2005, 23(6): 729-732.

[94] 付炜嘉, 桑为民, 雷熙微. 结冰对翼型及翼身组合体气动特性影响研究. 航空计算技术, 2011, 41(1): 60-65.

[95] 张力涛. 结冰后翼型、多段翼型及舵面的气动特性计算. 南京：南京航空航天大学, 2005.

[96] 张强, 曹义华, 潘星, 等. 积冰对飞机飞行性能的影响. 北京航空航天大学学报, 2006, 32(6): 654-657.

[97] 周华, 胡世良. 圆形坚冰影响翼型气动性能的数值分析. 力学季刊, 2007, 28(1): 28-33.

[98]　王明丰, 王立新, 黄成涛. 积冰对飞机纵向操稳特性的量化影响. 北京航空航天大学学报, 2008, 34(5): 592-595.

[99]　钟长生, 张斌, 洪冠新. 结冰对平尾性能的影响及平尾失速分析. 中国民航飞行学院学报, 2004, 15(6): 6-9.

[100]　袁坤刚, 曹义华. 结冰对飞机飞行动力学特性影响的仿真研究. 系统仿真学报, 2007, 19(9): 1929-1932.

[101]　蒋天俊. 结冰对飞机飞行性能影响的研究. 南京：南京航空航天大学, 2008.

[102]　王起达. 结冰后飞机的纵向稳定性和操纵性研究. 南京：南京航空航天大学, 2009.

[103]　张强, 刘艳, 高正红. 结冰条件下的飞机飞行动力学仿真. 飞行力学, 2011, 29(3): 4-7.

[104]　周莉, 徐浩军, 闵桂. 结冰对飞机动态响应特性的影响. 飞行力学, 2011, 29(4): 32-36.

[105]　Bragg M B, Perkins W R, Sarter N B, et al. An interdisciplinary approach to inflight aircraft icing safety. The 36th AIAA Aerospace Sciences Meeting and Exhibit, Reno, 1998.

[106]　Bragg M B, Basar T, Perkins W R, et al. Smart icing systems for aircraft icing safety. The 40th AIAA Aerospace Sciences Meeting and Exhibit, Reno, 2002.

[107]　Merret J M, Hossain K N, Bragg M B. Envelope protection and atmospheric disturbances in icing encounters. The 40th AIAA Aerospace Sciences Meeting and Exhibit, Reno, 2002.

[108]　Hossain K H, Vikrant S, Bragg M B, et al. Envelope protection and control adaptation in icing encounters. The 41th AIAA Aerospace Sciences Meeting and Exhibit, Reno, 2003.

[109]　Sharma V, Voulgaris P G, Frazzoli E. Aircraft autopilot analysis and envelope protection for operation under icing conditions. Journal of Guidance Control and Dynamics, 2004, 27(3): 454-465.

[110]　David R G, Billy P B, Ranaudo R J, et al. Envelope Protection for In-flight Ice Contamination[Technical Report]. Washington: NASA, 2010.

[111]　Caliskan F , Aykan R , Hajiyev C . Aircraft icing detection, identification, and reconfigurable control based on Kalman filtering and neural networks. Journal of Aerospace Engineering, 2008, 21(2): 51-60.

[112]　Aykan R, Hajiyev C, Caliskan F. Kalman filter and neural network-based icing identification applied to A340 aircraft dynamics. Aircraft Engineering and Aerospace Technology: An International Journal, 2005, 77(1): 23-33.

[113]　张智勇. 结冰飞行动力学特性与包线保护控制律研究. 南京：南京航空航天大学, 2006.

[114]　杜亮, 洪冠新. 结冰对飞机飞行包线影响分析及控制. 飞行力学, 2008, 26(2): 9-12.

[115]　应思斌, 艾剑良. 飞机结冰包线保护对开环飞行性能影响与仿真. 系统仿真学报, 2010, 22(10): 2273-2275.

[116]　应思斌. 飞机容冰飞行控制系统设计的理论与方法研究. 上海：复旦大学, 2010.

[117]　刘东亮, 徐浩军, 李嘉林. 飞行结冰后复杂系统动力学仿真与风险评估. 系统仿真学报, 2011, 23(4): 643-647.

[118]　周莉. 结冰条件下的飞机性能分析与飞行安全保障方法研究. 西安: 空军工程大学, 2012,

[119]　孟捷. 非线性 PIO 机理及其预测与抑制方法研究. 西安: 空军工程大学, 2010.

[120]　刘继权. 基于速率限制的驾驶员诱发振荡研究. 西安: 西北工业大学, 2011.

[121]　蔡满意. 飞行控制系统. 北京: 国防工业出版社, 2007.

[122] 高浩, 朱培申, 高正红. 高等飞行动力学. 北京：国防工业出版社, 2004.

[123] 孟捷. 人机闭环系统建模及其稳定性方法研究. 西安：空军工程大学, 2007.

[124] 方振平, 陈万春, 张曙光. 航空飞行器飞行动力学. 北京：北京航空航天大学出版社, 2005.

[125] 蔡满意. 飞行控制系统. 北京：国防工业出版社, 2007.

[126] 曹启蒙. 电传飞机非线性人机闭环系统稳定性问题研究. 西安: 空军工程大学, 2013.

[127] Ratvasky T P, Ranaudo R J. Icing effects on aircraft stability and control determined from flight data. The 31th AIAA Aerospace Sciences Meeting and Exhibit, Reno, 1993.

[128] Cook D. Relationships of ice shapes and drag to icing condition dimensionless parameters. The 38th AIAA Aerospace Sciences Meeting and Exhibit, Reno, 2000.

[129] Ratvasky T P. Aircraft icing and its effects on performance and handling. Cleveland: NASA Glenn Research Center, 2008.

[130] 黎康, 方振平. 基于全局稳定性分析的大迎角飞控系统设计. 北京航空航天大学学报, 2004, 30(6): 516-519.

[131] 中国民用航空总局. 中国民用航空规章第 25 部运输类飞机适航标准(CCAR-25-R4). 北京:中国民用航空总局, 2011.

[132] Kirin N E, Nelepin R A, Baidaev V N. Construction of the attraction region by Zubov's method. Journal of Differential, 1982, 17: 871-880.

[133] Chiang H D, Hirsch M W. Stability regions of nonlinear autonomous dynamical systems. IEEE Transactions on Automatic Control, 1988, 33(1): 16-27.

[134] Chiang H D, Thorp J S. Stability regions of nonlinear dynamical systems. IEEE Transactions on Automatic Control, 1989, 34(10): 1229-1241.

[135] Tarbouriech S, Burgat C. Positively invariant-sets for constrained continuous-time cone properties. IEEE Transactions on Automatic Control, 1994, 39(2): 401-405.

[136] Kamenetskiy V A. A method for construction of stability regions by Lyapunov functions. Systems and Control Letters, 1995, 26: 147-151.

[137] Saberi A, Lin Z, Teel A R. Control of linear systems with saturating actuators. IEEE Transactions on Automatic Control, 1996, 41(3): 368-378.

[138] Liu C W, Thorp J S. A novel method to compute the closest unstable equilibrium point for transient stability region estimate in power systems. IEEE Transactions on Circuits and Systems—I: Fundamental Theory and Applications, 1997, 44(7): 630-635.

[139] Loccufier M, Noldus E. A new trajectory reversing method for estimating stability regions of autonomous nonlinear systems. Nonlinear Dynamics, 2000, 21: 265-288.

[140] Hu T S, Lin Z L. Control System with Actuator Saturation: Analysis and Design. Boston: Springer Science and Business Media, 2001.

[141] Hu H, Lin Z, Chen B M. An analysis and design method for linear systems subject to actuator saturation and disturbance. Automatica, 2002, 38(2): 351-359.

[142] Paim C, Tarbouriech S, Gomes J M, et al. Control design for linear systems with saturating actuators and L2-bounded disturbances. Proceedings of the 41st IEEE Conference on Decision and Control, Las Vegas, 2002.

[143] Teel A R, Moreau L, Nesic D. A unified framework for input-to-state stability in systems with

two timescales. IEEE Transactions on Automatic Control, 2003, 48: 1526-1544.

[144] Colaneri P, Geromel J C. Parameter-dependent Lyapunov functions for time varying polytopic systems. Proceedings of the American Control Conference, Pertland, 2005.

[145] Liberzon M R. Essays on the absolute stability theory. Automation and Remote Control, 2006, 10: 1610-1644.

[146] Loquen T, Tarbouriech S, Prieur C. Stability analysis for reset systems with input saturation. Proceedings of the 46th IEEE Conference on Decision and Control, New Orleans, 2007.

[147] Xin H, Gan D, Qiu J. Stability analysis of linear dynamical systems with saturation nonlinearities and a short time delay. Physics Letters A, 2008, 372(22): 3999-4009.

[148] Jia H J , Yu X D, Yu Y X, et al. Power system small signal stability region with time delay. Electrical Power and Energy Systems, 2008, 30: 16-22.

[149] 黄琳, 于年才, 王龙. 李雅普诺夫方法的发展与历史性成就——纪念李雅普诺夫的博士论文"运动稳定性的一般问题"发表一百周年. 自动化学报, 1993, 05: 587-595.

[150] Weinstein M I. Lyapunov stability of ground states of nonlinear dispersive evolution equations. Communications on Pure and Applied Mathematics, 1986, 39(1): 51-67.

[151] 舒仲周, 王照林. 运动稳定性的研究进展和趋势. 力学进展, 1993, 03: 424-431.

[152] 廖晓昕. 漫谈Lyapunov稳定性的理论、方法和应用. 南京信息工程大学学报(自然科学版), 2009, 01: 1-15.

[153] 陆启韶. 常微分方程的定性方法和分叉. 北京：北京航空航天大学出版社, 1993.

[154] 高为炳. 非线性控制系统导论. 北京：高等教育出版社, 1987.

[155] 李殿璞. 非线性控制系统. 西安：西北工业大学出版社, 2009.

[156] 潘湘高, 蔡明山, 王南兰. 基于 MATLAB 的相平面分析方法的研究. 计算机与现代化, 2005, (7): 50-51, 54.

[157] 董丽华. 利用相平面上的稳定性分析法求微分方程的解. 长春师范学院学报(自然科学版), 2008, 27(3): 19-21.

[158] 张德祥, 方斌, 高清维. 高阶非线性控制系统相平面的图解实现. 系统仿真学报, 2005, 17(12): 2979-2982.

[159] Chiang H D. Direct Method for Stability Analysis of Electric Power System. New York: Wiley, 2010.

[160] La Salle J P, Lefschetz S. Stability by Lyapunov's direct method. New York: Academic Press, 1961.

[161] Tan W, Packard A. Stability region analysis using polynomial and composite polynomial Lyapunov functions and sum-of-squares programming. IEEE Transactions on Automatic Control, 2008, 53(2): 565-570.

[162] Topcu U, Packard A, Seiler P. Local stability analysis using simulations and sum-of-squares programming. Automatica, 2008, 44(10): 2669-2675.

[163] Papachristodoulou A, Prajna S. Analysis of non-polynomial systems using the sum of squares decomposition. Positive Polynomials in Control, 2005, 312(1): 580.

[164] Chesi G. Estimating the domain of attraction for non-polynomial systems via LMI optimizations. Automatica, 2009, 45(6): 1536-1541.

[165] Chesi G, Garulli A, Tesi A, et al. LMI-based computation of optimal quadratic Lyapunov functions for odd polynomial systems. International Journal of Robust and Nonlinear Control, 2005, 15(1): 35-49.

[166] 邹毅, 姚宏. 飞机大攻角俯仰飞行的稳定域分析. 空军工程大学学报(自然科学版), 2006, 7(4): 11-16.

[167] 蔺小林, 卢琨, 贾纪腾. 计算微分代数系统稳定域的迭代 Lyapunov 函数方法. 纯粹数学与应用数学, 2010, 26(6): 881-889.

[168] Loccufier M, Noldus E. A new trajectory reversing method for estimating stability regions of autonomous nonlinear systems. Nonlinear Dynamics, 2000, 21: 265-288.

[169] Lee J, Chiang H D. singular fixed-point homotopy method to locate the closest unstable equilibrium point for transient stability region estimate. IEEE Transactions Circuits System- II: Express Briefs, 2004, 51(4): 185-189.

[170] Reddy C K, Chiang H D. A stability boundary based method for finding saddle points on potential energy surface. Journal of Computational Biology, 2006, 13(3): 745-766.

[171] Reddy C K, Chiang H D. Stability region based methods for learning and discovery. Ithaca: Cornell University Technical Report, 2007: 2006-2068.

[172] Alberto L F C, Chiang H D. Characterization of stability region for general autonomous nonlinear dynamical systems. IEEE Transactions on Automatic Control, 2012, 57(6): 1564-1569.

[173] Chiang H D, Alberto L F C. Stability Regions of Nonlinear Dynamical Systems: Theory, Estimation, and Applications. Cambridge: Cambridge University Press, 2015.

[174] Wang T, Chiang H D. On the number of unstable equilibrium points on spatially-periodic stability boundary. IEEE Transactions on Automatic Control, 2015, 61(9): 2553-2558.

[175] Chiang H D, Wang T. On the number and types of unstable equilibria in nonlinear dynamical systems with uniformly-bounded stability regions. IEEE Transactions on Automatic Control, 2016, 61(2): 485-490.

[176] Chiang H D, Wu F F, Varoiya P. Foundation of direct method for power system transient stability analysis. IEEE Transactions on Circuit and System, 1987, 34(2): 712-728.

[177] 李颖晖, 张保会. 电力系统暂态稳定域估计现状与展望. 电网技术, 1998, 22(2): 43-46.

[178] 李颖晖, 张保会. 运用非线性系统理论确定电力系统暂态稳定域的一种新方法. 中国电机工程学报, 2000, 20(1): 41-44.

[179] 党杰, 刘涤尘, 曾聪. 基于向量场正规形理论的电力系统低频振荡分析. 电力科学与工程, 2012, 28(2): 26-31.

[180] 李颖晖, 张保会. 正规形理论在电力系统稳定性研究中的应用(一). 电力自动化设备, 2003, 23(6): 1-5.

[181] 李颖晖, 张保会. 正规形理论在电力系统稳定性研究中的应用(二). 电力自动化设备, 2003, 23(7): 1-4.

[182] 李颖晖, 张保会. 正规形理论在电力系统稳定性研究中的应用(三). 电力自动化设备, 2003, 23(8): 1-4.

[183] 李颖晖, 张保会. 正规形理论在电力系统稳定性研究中的应用(四). 电力自动化设备, 2003, 23(9): 5-9.

[184] 李颖晖, 张保会. 正规形理论在电力系统稳定性研究中的应用(五). 电力自动化设备, 2003, 23(10): 9-13.

[185] 李颖晖, 张保会. 运用非线性系统理论确定电力系统暂态稳定域的应用. 中国电机工程学报, 2000, 20(2): 24-27.

[186] 李颖晖, 张保会. 对 Normal Form 变换的多值性的分析与研究. 电力系统自动化, 2000, 24(6): 35-39.

[187] 李颖晖, 张保会. 基于稳定流形变换的电力系统暂态稳定性计算. 西安交通大学学报, 2000, 34(3): 91-98.

[188] 刘瑛, 杜光勋, 全权, 等. 基于 Hamilton-Jacobi 方程的飞行器机动动作可达集分析. 自动化学报, 2016, 42(3): 347-357.

[189] Bayen A M, Mitchell I M, Osihi M K, et al. Aircraft autolander safety analysis through optimal control-based reach set computation. Journal of Guidance, Control and Dynamics, 2007, 30(1): 68-77.

[190] Allen R C. Safe Set Maneuverability, Restoration, and Protection for Aircraft. Philadelphia: Drexel University, 2014.

[191] 孙涌, 王志坚, 索丽生. 水平集法对流场相界面应用的分析与研究. 苏州大学学报, 2007, 27(3): 19-20.

[192] van Oort E R, Chu Q P, Mulder J A. Maneuver envelope determination through reachability analysis. Advances in Aerospace Guidance, Navigation and Control, Chenna: 2011.

[193] Mitchell I M, Tomlin C J. Level set methods for computation in hybrid systems. Lecture Notes in Computer Science, 2000, 1790: 310-323.

[194] Osher S, Fedkiw R, Piechor K. Level set methods and dynamic implicit surfaces. Applied Mechanics Reviews, 2004, 57(3): 273.

[195] Pandita R, Chakraborty A, Seiler P, et al. Reachability and region of attraction analysis applied to GTM dynamic flight envelope assessment. AIAA Guidance, Navigation, and Control Conference, Chicago, 2009.

[196] Allen R C, Kwatny H G. Safe set protection and restoration for unimpaired and impaired aircraft. AIAA Guidance, Navigation, and Control Conference, Minneapolis, 2012.

[197] Gillula J H, Hoffmann G M, Huang H M, et al. Applications of hybrid reachability analysis to robotic aerial vehicles. The International Journal of Robotics Research, 2011, 30(3): 335-354.

[198] Mitchell I M. Application of level set methods to control and reachability problems in continuous and hybrid systems. Stanford: Stanford University, 2003.

[199] Lombaerts T J, Schuet S R, Wheeler K R, et al. Safe maneuvering envelope estimation based on a physical approach. AIAA Guidance, Navigation and Control Conference, Boston, 2013.

[200] 蔺小林, 非线性微分动力系统稳定域计算的波形松弛方法. 工程数学学报, 2010, 27(3): 479-486.

[201] 季海波, 武际可. 分叉问题及其数值方法. 力学进展, 1993, 23(4): 493-502.

[202] 高浩, 周志强. 高机动性飞机大迎角全局稳定性研究. 航空学报, 1987: 8(11): 562-571.

[203] 何植岱, 郭文. 非线性飞行稳定性研究的新综合方法. 空气动力学学报, 1990, 8(2): 143-151.

[204] 林国锋. 俯仰力矩曲线的"勺形"对飞机稳定性的影响. 航空学报, 1990, 11(6): B217-B222.

[205] 侯凯元, 闰勇, 陈磊. 基于逆轨迹方法的简单电力系统稳定域的可视化. 电力系统自动化, 2004, 28(11): 22-27.

[206] Johnson M E, Jolly M S, Kevrekidis I G. Two dimensional invariant manifolds and global bifurcations: Some approximation and visualization studies. Number Algorithms, 1997, 14: 125-140.

[207] Guckenheimer J, Worfolk P. Dynamical systems: Some computational problems. Arxiv Cornell University Library, 1999, 408: 241-277.

[208] Doedel E J, Champneys A R, Fairgrieve T F, et al. AUTO97: Continuation and Bifurcation Software for ordinary differential equations. Montreal: Department of Computer Science, Concordia University, 1997.

[209] Krauskopf B, Osinga H M. Globalizing two dimensional unstable manifolds of maps. International Journal of Bifurcation and Chaos, 1998, 8(3): 483-503.

[210] Krauskopf B, Osinga H M. Two dimensional global manifolds of vector fields. Chaos, 1999, 9(3): 768-779.

[211] 李清都, 杨晓松. 二维不稳定流形的计算. 计算物理, 2005, 06: 79-84.

[212] 郭克敏, 李清都. 一种改进的不变流形算法. 重庆邮电大学学报(自然科学版), 2008, 02: 221-224.

[213] 李清都, 杨晓松. 一种二维不稳定流形的新算法及其应用. 物理学报, 2010, 03: 1416-1422.

[214] 李清都, 周丽, 周红伟. 映射的二维不稳定流形计算. 重庆邮电大学学报(自然科学版), 2010, 03: 339-344.

[215] 李清都, 谭宇玲, 杨芳艳. 连续时间系统二维不稳定流形的异构算法. 物理学报, 2011, 03: 33-39.

[216] Taylor J H, Skow A M. F5E departure warning system algorithm development and validation. Journal of Aircraft, 1988, 25(9): 783-790.

[217] Amitabh S, Girish D, Debasish G. Synthesis of nonlinear controller to recover an unstable aircraft from post stall regime. Journal of Guidance, Control and Dynamics, 1999, 22(5): 710-717.

[218] Hiltner D W. A nonlinear aircraft simulation of ice contaminated tailplane stall. Columbus: Ohio State University, 1998.

[219] Ratvasky T P, van Zante J F. In-flight aerodynamic measurements of an iced horizontal tailplane, The 37th AIAA Aerospace Sciences Meeting and Exhibit, Reno, 1999.

[220] Thomas P R, Kurt B, William R, et al. Iced Aircraft Flight Data for Flight Simulator Validation[Technical Report]. Washington: NASA, 2003.

[221] Ratvasky T P, van Zante J F, Riley J T. NASA/FAA tail-plane icing program overview. The 37th AIAA Aerospace Sciences Meeting and Exhibit, Reno, 1999.

[222] Miller R, Ribbens W. The effects of icing on the longitudinal dynamics of an icing research Aircraft. The 37th AIAA Aerospace Sciences Meeting and Exhibit, Reno, 1999.

[223] Li X, Bai J Q, Hua J. A spongy icing model for aircraft icing. Chinese Journal of Aeronautics, 2014, 27(1): 40-51.

[224] Selig M S. Modeling full-envelope aerodynamics of small UAVs in realtime. AIAA Atmospheric Flight Mechanics Conference, Toronto, 2010.

[225] Sharma V, Voulgaris P G, Frazzoli E. Aircraft autopilot analysis and envelope protection for

operation under icing conditions. Journal of Guidance, Control, and Dynamics, 2004, 27(3): 454-465.

[226] Stapel J C J, Visser C C D, Chu Q P, et al. Efficient methods for flight envelope estimation through reachability analysis. AIAA Guidance, Navigation, and Control Conference, San Diego, 2016.

[227] 刘世前. 现代飞机飞行动力学与控制. 上海: 上海交通大学出版社, 2014.

[228] Zhang Y, Visser C C D, Chu Q P. Online safe flight envelope prediction for damaged aircraft: A database-driven approach. AIAA Modeling and Simulation Technologies Conference, San Diego, 2016.

[229] 桂业伟, 周志宏, 李颖晖, 等. 关于飞机结冰的多重安全边界问题. 航空学报, 2017, 32(2): 520723.

[230] 吴志恩. 飞机复合材料构件成本问题的技术分析及改进措施. 航空制造技术, 2009, 15: 50-52.

[231] 莫文骁, 申功璋. 大迎角自动进近短距着陆综合控制设计及仿真研究. 飞机设计, 2005, 6(2): 44-48.

[232] 段萍萍. 舰载飞机着舰过程动力学性能分析. 南京: 南京航空航天大学, 2011.

[233] 黎康, 方振平. 基于全局稳定性分析的大迎角飞控系统设计. 北京航空航天大学学报, 2004, 30(6): 516-519.

[234] 易贤. 飞机积冰的数值计算与积冰试验相似准则研究. 绵阳: 中国空气动力研究与发展中心, 2007.

[235] 邢霞, 李晓勇, 刘志彤. 飞机机翼结冰对气动特性及飞行性能的影响. 民用飞机设计与研究, 2007, 04: 27-32.

[236] 张兴国. 大型运输机多缝富勒襟翼运动机构设计研究. 西安: 西北工业大学, 2003.

[237] 熊磊, 刘洋, 毛俊. 大型运输类飞机后缘襟翼气动载荷特性分析. 空气动力学学报, 2017, 35(3): 399-403.

[238] 王明丰, 王立新, 黄成涛. 积冰对飞机纵向操稳特性的量化影响. 北京航空航天大学学报, 2008, 34(5): 592-595.

[239] 李林, 王立新, 彭小东. 结冰对民机飞行性能的影响研究. 飞行力学, 2004, 22(3): 12-16.

[240] 王起达. 结冰后飞机的纵向稳定性和操纵性研究. 南京: 南京航空航天大学, 2009.

[241] 张义浦, 李静, 张志春. 积冰对飞机操纵特性影响的建模与仿真. 机械与电子, 2017, 35(12): 6-10.

[242] Vukits T J. Overview and risk assessment of icing for transport category aircraft and components. The 40th AIAA Aerospace Sciences Meeting and Exhibit, Reno, 2002.

[243] Zeppetelli D, Habashi W G. In-flight icing risk management through computational fluid dynamics-icing analysis. Journal of Aircraft, 2012, 49(2): 611-621.

[244] Pei B P, Xu H J, Xue Y, et al. In-flight icing risk prediction and management in consideration of wing stall. Aircraft Engineering and Aerospace Technology, 2018, 90(1): 24-32.

[245] 薛源, 徐浩军, 胡孟权. 结冰条件下人-机-环系统的飞行风险概率. 航空学报, 2016, 37(11): 3328-3339

[246] 王健名, 徐浩军, 薛源, 等. 基于极值理论的平尾结冰飞行风险评估. 航空学报, 2016, 37(10): 3011-3022.

[247] Jiang R Y. Study on probability plot correlation coefficient of the Log-Weibull distribution. Journal of Shanghai Jiaotong University, 2015, 20(3): 298-301.

[248] Makkonen L. Problems in the extreme value analysis. Structural Safety, 2008, (30): 405-419.

[249] Coles S. An Introduction to Statistical Modeling of Extreme Values. London: Springer, 2001.

[250] Zeppetelli D, Habashi W G. CFD-icing: A predictive tool for in-flight icing risk management. SAE International Conference on Aircraft and Engine Icing and Ground Deicing, Washington, 2011.

[251] Zeppetelli D, Habashi W G. In-flight icing risk management through computational fluid dynamics-icing analysis. Journal of Aircraft, 2012, 49(2): 11.

[252] Atilla D, Kaewchay K. Probabilistic human pilot approach: Application to microburst escape maneuver. Journal of Guidance, Control, and Dynamics, 2007, 30(2), 357-369.

[253] 刘东亮, 徐浩军, 张久星. 多因素耦合复杂飞行情形风险定量评估方法. 航空学报, 2013, 34(3): 509-516.